수학특성화 중학교 *SEASON 2*

수학특성화중학교 **SEASON 2**
① 세기의 천재 노을과 수상한 수학 캠프

초판 1쇄 펴냄 2019년 4월 19일
　　7쇄 펴냄 2023년 2월 17일

지은이 김주희 이윤원
그린이 녹시
창작 기획 이세원

펴낸이 고영은 박미숙
펴낸곳 뜨인돌출판(주) | 출판등록 1994.10.11.(제406-251002011000185호)
주소 10881 경기도 파주시 회동길 337-9
홈페이지 www.ddstone.com | 블로그 blog.naver.com/ddstone1994
페이스북 www.facebook.com/ddstone1994 | 인스타그램 @ddstone_books
대표전화 02-337-5252 | 팩스 031-947-5868

ISBN 978-89-5807-712-1 04410
　　978-89-5807-711-4(세트)

수학특성화 중학교 SEASON **2**

① 세기의 천재 노을과 수상한 수학 캠프

김주희 이윤원 지음 | 녹시 그림

뜨인돌

등장인물

진노을
국회의원 진영진의 아들로 금수저를 물고 태어났다. 장난기를 과하게 탑재한 덕에 사건 사고를 몰고 다닌다. 수학특성화중학교에 들어와 인공지능 프로그램 '피피'를 발견하며 범죄 집단 '제로'의 음모에 휘말리게 된다. 다사다난한 1학년을 마치고 맘껏 놀 꿈에 부풀었으나 세계 각지에서 일어난 테러로 인해 외출 금지 신세.

임파랑

수학특성화중학교 수석 입학자로 공부가 제일 쉬웠다. 취미는 수학, 특기도 수학. 애매모호한 걸 싫어한다. 특히 감정과 관련된 부분이 가장 어렵다. 학교 축제 때 커플 매칭 프로그램으로 서로의 마음을 확인한 뒤 란희와 사귈 것 같았으나 눈치 없는 노을의 방해로 알쏭달쏭한 관계를 유지하는 중이다.

허란희
노을의 소꿉친구. 아버지가 노을의 집에서 20년째 운전기사 일을 하고 있다. 발랄한 다혈질 캐릭터로 외로워도 슬퍼도 울지 않는다. 썸인 듯 썸 아닌 듯 파랑과 애매한 관계를 유지하고 있는데, 그런 란희 앞에 인기 아이돌 그룹 '리미트'의 멤버인 무리수가 나타난다.

한아름

란희의 짝꿍이다. 그림에 재주가 있다. 평소에는 조용하고 수줍음 많은 성격이지만, 아이돌 그룹 리미트와 관련된 일에는 누구보다 무섭게 돌변한다.

박태수

있는 집 자식. 으스대며 초등학교 생활을 했지만 콤플렉스가 있다. 파랑 때문에 단 한 번도 1등을 해 보지 못했다는 것. 건방진 성격이었지만 학기 중에 잠깐 란희와 사귄 뒤로 바뀐 것 같기도······? 현재는 결별 상태다.

김연주 & 류건

범죄 집단 '제로'를 잡기 위한 비밀 요원으로, 수학특성화중학교에서의 위장근무를 마치고 제로의 잔당을 잡기 위해 노력 중이다. 류건은 피피를 만든 사람이기도 하다.

시즌 2에 새롭게 등장하는 인물

무리수	전시은	최성찬
아이돌 그룹 리미트의 멤버이다. 테러 위협에 시달리다가 캠프에 합류한다.	피타고라스와 수비학에 관심이 많다. 속을 알 수 없는 인물이다.	최연소 캠프 참가자로, 노을을 동경한다.

차례

prologue · 11

prologue

속보 1월 1일 이탈리아 시스티나 성당, 1월 2일 한국 판문점,
1월 4일 독일 베를린 장벽 일대에서 벌어진 테러는 동일범의
소행으로 추정되고 있습니다. 이에 국제 사회는 합동 수사
본부를 구성하기로 합의하고…….

새해가 되면서 시작된 테러에 대한 뉴스가 TV 화면을 통해 흘
러나왔다. 컴퓨터 키보드를 두드리던 류건이 의자를 뒤로 젖혀
뉴스를 확인했다.

"결국, 뉴스까지 나왔네."

옆자리에 앉아 있던 김연주도 관자놀이를 누르며 TV를 향해
고개를 돌렸다. 피곤한 기색이 역력했다.

"언론을 막는 데도 한계가 있으니까."

두 사람은 가을 축제가 끝난 뒤 전근을 가는 형태로 수학특성화중학교를 나왔다. 이후에는 제로의 잔당을 잡기 위한 특별 수사본부에 합류한 상태였다. 하지만 해가 바뀌도록 이렇다 할 성과가 없었다.

TV 화면을 무심하게 지켜보던 류건이 말했다.

"쓸데없이 부지런도 하네. 2~3일 간격이니까 비행기를 타고 왔다 갔다 하기에도 힘든 거리잖아. 여러 팀이 동시에 움직이는 거겠지?"

"맞아. 눈에 띄지 않고 짧은 시간 내에 옮겨 다닐 수 있는 거리가 아니야. 규모가 상당한 테러 조직이겠지."

"그래도 테러 현장에서 숫자가 발견되었다는 정보는 아직 흘러 나가지 않은 것 같네."

"알려지는 건 시간문제이지 않을까? 테러가 이대로 끝날 것 같지는 않아. 촉이 그래."

류건이 김연주를 바라보았다.

"제로는 아니겠지?"

"설마……."

김연주는 말끝을 흐렸다. 하지만 이미 비슷한 생각을 하고 있었다.

"아니겠지."

애써 외면해 보는 김연주였다. 만약 제로가 수사 선상에 오른
다면 둘의 업무 강도는 더 올라갈 수밖에 없었다. 여기서 더 바
빠진다면…….

과로사를 피할 방법을 생각해 보던 김연주는 피피를 떠올렸다.

"피피는 계속 아이들한테 맡긴 채 둘 거야? 회수하면 수사에
도움이 될 텐데."

"고려해 보긴 했는데, 피피가 아이들 곁이 더 좋대."

"너 도대체 뭘 만든 거냐?"

"모르겠다."

류건은 씩 웃었다. 자기가 만든 프로그램이긴 했지만, 손을 벗
어난 지 오래였다. 게다가 노을이 발견하지 않았다면 세상에 나
오지도 못했을 터였다.

휴대전화가 요란하게 울렸다. 전화를 받은 김연주의 얼굴이 와
락 구겨졌다. 단답형으로 대답하던 김연주가 통화를 마치며 깊
게 한숨을 내쉬었다.

류건이 물었다.

"무슨 전화야?"

"너랑 나, 국제 공조수사 합류하래."

"…잠은 다 잤네."

류건은 그대로 책상에 엎드렸다. TV에서는 아나운서가 속보
내용을 반복해서 말하고 있었다.

1장

재미있는 일 없나?

지루하다 지루해

아담한 규모의 실내 수영장엔 테이블과 의자, 선베드, 간단한 음료를 만들어 마실 수 있는 바가 갖춰져 있었다. 한쪽 벽면은 전체가 통창으로 되어 있어서 호텔에 딸린 수영장 같았다.

란희는 테이블에 앉아 장래희망 조사서를 들여다보고 있었다. 반바지 차림이라 수영장과 어울리지 않는 모습이었다. 창밖으로 보이는 겨울 풍경과도 어울리지 않았다.

"뭐라고 쓰지?"

조사서에 '1학년 4반 허란희'라고 적고 나니 더 이상 쓸 말이 없었다. 옆에 앉아 수학 문제를 풀던 파랑이 차분한 어조로 말했다.

"솔직하게 써."

"솔직하게?"

란희의 눈동자가 데구루루 굴러갔다. 란희에게는 꿈이 있었다. 누구에게도 말하지 못하고 소중하게 간직해 온 꿈이었다.

마침내 결심한 란희는 한 글자씩 공들여 장래희망을 적었다.

'건물주.'

노을이네 집 같은 수영장 딸린 저택은 바라지도 않는다. 꼭대기 층에서 가족과 함께 살 수 있고 1층부터 4층까지는 세를 놓을 수 있는 5층짜리 원룸 건물 정도면 좋겠다.

희망찬 꿈을 적어 내려가는 란희를 지켜보던 파랑은 제 이마를 매만졌다. 이상한 장래희망을 적었다는 이유로 담임 선생님께 혼이 좀 난다고 해서 기죽을 란희가 아니긴 했다. 파랑이 다시 문제 풀이에 집중했을 때였다.

"노을이는 어디 갔지? 아까부터 안 보이는데."

란희가 궁금해하자 파랑이 손가락으로 수영장을 가리켰다. 분홍색 튜브 뒤로 사람의 머리가 보였다. 고개를 물에 처박은 채 둥둥 떠 있는 모습이 흡사 시체 같았다.

"왜 저러고 있어?"

파랑은 어깨를 으쓱이는 걸로 답을 대신했다. 1학년 내내 붙어 다녔음에도 노을의 행동은 이해할 수가 없었다. 신경 쓰지 않고 수학 문제를 푸는 게 정신 건강에 이로웠다.

"그만 나와!"

란희가 소리치자 노을이 물 밖으로 고개를 쑥 내밀었다. 잠시 허우적거리다가 분홍색 튜브에 올라탄 노을이 발로 물장구를 치며 다가왔다.

"시체 놀이도 재미없네. 뭐 재미있는 거 없나?"

"너도 장래희망 조사서나 써."

란희의 말에 노을은 혀를 쯧쯧 찼다.

"방학 숙제는 원래 개학 전날 하는 것이거늘."

"마음대로 해. 미루다가 방학 숙제 다 못 하면 나는 아줌마한테 일러서 용돈 받을 거야."

"언제는 안 그랬냐?"

노을은 신경도 쓰지 않았다. 어려서부터 충실한 감시자였던 란희의 협박은 이제 통하지 않는다.

다른 놀 거리를 찾아 두리번거리던 노을은 무언가에 집중하고 있는 아름이를 발견했다. 함께 재잘거릴 법도 한데 평소답지 않게 꼼짝도 하지 않고 앉아 있었다.

"아름이도 장래희망 조사서 쓰는 거야?"

장래희망 조사서에 '여력이 된다면 100평 정도의 땅'이라고까지 적어 넣은 란희가 시큰둥하게 답했다.

"필즈 고사 보는 중이야. 아름이한테 말 시키지 마."

"필즈 고사? 그게 뭔데?"

노을이 되묻자 란희가 눈을 동그랗게 떴다.

"맙소사. 미개인이야? 어떻게 필즈 고사를 모를 수가 있어?"

"고사면, 시험…인가?"

테이블에 올려져 있던 스마트폰에서 때맞춰 피피의 목소리가 흘러나왔다.

"필즈상은 IMU, 그러니까 국제수학연맹(International Mathematical Union)이 40세 미만의 수학자를 대상으로 4년에 한 번씩 수여하는 상이야. 수학계의 노벨상이라고도 부르지. 15000캐나다달러를 상금으로 받아."

"15000캐나다달러? 으으……. 그게 얼마야?"

노을이 혼란스러워하자 피피가 친절하게 설명해 주었다.

"오늘 환율은 1캐나다달러당 918.87원이야. 비례식을 이용해서 계산해 보면 돼. A : B = C : D일 때 AD = BC. 즉 1캐나다달러 : 918.87원 = 15000캐나다달러 : x원이야. 내항의 곱은 외항의 곱과 같아. $1 \times x = 15000 \times 918.87 = 13783050$. 그러니까 13,783,050원이야."

"1370만 원? 수학계의 노벨상이라고 불릴 만하네."

노을이 감탄했다.

"노벨상 상금은 대략 1000만 스웨덴크로나야. 1크로나가 142.20원이니까 1000만 크로나는 14억이 넘는 돈이야."

"역시 노벨상이 최고인가. 비교도 안 되잖아."

"하지만 상금만으로 가치를 평가할 수는 없어. 필즈상은 매년 시상하는 노벨상과 달리 4년에 한 번씩만 상을 수여해. 40세라는 나이 제한도 있어서 수학자들에게는 노벨상만큼이나 영광스러운 상이야."

피피가 설명을 끝내자 노을은 다른 의문이 들었다.

"그렇게 대단한 상에 아름이가 도전한다고? 아무리 그래도 상을 받는 건 좀 어렵지 않을까? 파랑이라면 모를까."

노을과 피피의 대화를 듣고 있던 란희가 나섰다.

"필즈 고사는 그런 게 아니야."

"아니라니? 완벽한 내가 틀릴 리 없어."

피피가 반발했다. 그러자 란희가 검지를 치켜들었다.

"피피, 넌 세상을 더 배워야 해. 지금 아름이가 보는 필즈 고사는 네가 말한 필즈상과는 전혀 상관없는 거야."

"상관없다니? 완벽한 프로그램인 나에게 오답이란 있을 수 없어."

"아니라니까. 여기서 말하는 필즈는 아이돌 그룹 '리미트'의 팬클럽을 말해. '필즈 고사'는 팬클럽 '필즈'의 회원 등급을 올리는 시험이거든. 리미트와 관련된 문제를 풀어야 하는데, 난이도가 워낙 높아서 필즈 고사라고 불러."

"아아아, 말도 안 돼. 내가 틀렸다니이……."

오답의 충격으로 피피가 화면에서 사라지자 노을이 눈을 몇 번 끔벅였다.

"피피한테 사기 친 거 아니야? 아이돌 팬클럽 등급을 올리는데 무슨 시험이 있어?"

"뭘 모르시네. 회원 등급을 올려야만 멤버들이 쓴 일기를 볼 수 있다고."

"일기를 읽을 수 있다고 해도 그렇지. 그 일기를 멤버가 직접 쓰겠냐? 소속사 직원이 쓰겠지. 다 가짜라고."

란희가 눈살을 찌푸렸다.

"너, 지금 그 얘기 팬클럽 회원 앞에서 당당하게 할 수 있어?"

노을은 아름이를 슬쩍 곁눈질했다. 평소에는 조용조용한 아름이지만 리미트에 대한 일에는 격렬한 반응을 보이곤 했다.

노을이 재빨리 고개를 저었다.

"아니. 내 생명은 소중해."

노을은 고개를 절레절레 저으며 물 밖으로 나왔다. 의자에 걸쳐져 있던 수건으로 몸을 대충 닦고 허물처럼 벗어 놓았던 티셔츠를 입었다.

'필즈 고사나 구경해 볼까.'

테이블 위에 놓여 있던 스마트폰을 집어 든 노을이 아름이를 향해 움직였다. 아무도 놀아 주지 않자, 가장 만만한 아름이를 공략하기로 한 것이다.

가까이 다가간 노을이 불쑥 얼굴을 디밀었다.

"문제가 어려워?"

"말 시키면 안 돼. 시간 안에 풀어야 한단 말이야."

아름이답지 않게 냉랭한 말투였다. 노을은 방해하는 걸 포기했다. 대신 옆에 얌전히 걸터앉아 어깨너머로 스마트폰 화면을 힐끔거렸다.

아름이가 풀고 있는 것은 ○, × 문제였다. 리미트의 노래나 멤버 프로필에 대한 것이 대부분이라 노을이가 답을 아는 문제는 하나도 없었다.

"아, 망했어. 시간이 부족해."

아름이 탄성을 터뜨리며 제 머리카락을 쥐어뜯었다. 노을이 기다렸다는 듯이 물었다.

"끝났어? 나랑 놀래?"

"기회가 세 번인데 벌써 두 번이나 실패했어. 남은 기회는 한 번뿐이야."

"하루에 세 번인 거야? 그럼 내일 또 하면 되잖아."

"매일 볼 수 있는 시험이 아니야. 활동 포인트 100점당 세 번의 기회를 주거든. 이번에 등급을 못 올리면 공개 방송을 가거나 해서 다시 활동 포인트를 채워야 해. 그런데 우리는 개학하면 평일에는 학교 밖으로 못 나가잖아. 이번 콘서트 티켓도 못 구했단 말이야. 아, 어떻게 해……."

아름이 속상해하자, 노을이 넌지시 말했다.

"모르는 건 피피한테 물어보면 되잖아."

아름이 고개를 들었다.

"그래도 될까?"

"그럼, 그럼."

"안 그래도 무리수에 대한 문제가 너무 어려웠어. 3학년 때나 배우는 거잖아."

"뭐가 문제야. 피피가 있는데."

노을의 말에 멀찍이 떨어져 있던 파랑이 고개를 돌렸다.

"피피를 그런 일에 이용하지 마. 부정행위잖아."

"팬클럽 등급 시험인데 뭐 어때."

"아무리 사소한 일이라도 피피를 악용하면 안 돼."

모처럼 단호한 말투였지만 노을과 아름의 귀에는 들어오지 않았다. 란희가 혀를 쯧쯧 찼다.

"내버려 둬. 저러다가 큰 사고 치고 눈물 쏙 빼야 정신 차리지."

"다 들리니까 그만 씹어라."

귀신같이 제 이야기를 알아들은 노을이 스마트폰을 톡톡 두드렸다. 그러자 액정에 아이콘이 떠오르며 피피의 목소리가 흘러나왔다.

"세상에는 아직 내가 모르는 게 많아. 이번에는 아이돌에 대해서 공부해 봐야겠어."

"그 전에 아름이가 못 푸는 수학 문제 몇 개만 풀어 줘."

"수학이라면 나한테 맡겨."

피피가 자신 있게 나서자, 아름이 방긋 웃으며 말했다.

"앞부분은 내가 풀 수 있으니까 무리수 관련 문제만 좀 알려 줘. 제한 시간 5분 안에 스물다섯 문제를 풀어야 해. 스무 문제 이상 맞히면 통과야. ○, × 문제고."

"나만 믿어."

피피의 지원으로 자신감을 회복한 아름은 세 번째 기회에 도전했다. 리미트 그룹에 관한 문제를 빠르게 풀자 수학 문제가 시작되었다.

"-0.6은 무리수다. 맞아?"

피피가 답했다.

"분수로 나타낼 수 있는 수를 유리수, 나타낼 수 없는 수를 무리수라고 해. $-0.6 = -\frac{3}{5}$ 이잖아. 분수로 나타낼 수 있으니까 유리수야. 답은 ×."

×를 누른 아름이 다음 문제를 읽었다.

"9의 제곱근은 +3이다?"

"9의 제곱근이란 제곱을 해서 9가 되는 수를 뜻해. +3도 제곱하면 9가 되지만, -3도 제곱하면 9가 돼. $(-3)^2 = 9$거든. +3, -3이 모두 9의 제곱근인 거야. 답은 ×야."

이번에도 ×를 누른 아름이 다음 문제로 넘어갔다.

실수의 체계

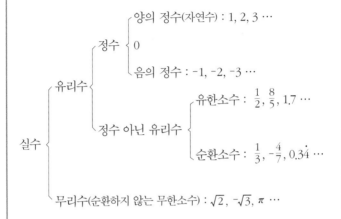

실수는 크게 유리수와 무리수로 나뉜다.

유리수는 분수 형태로 나타낼 수 있는 수들의 집합으로, 정수와 정수가 아닌 유리수로 나뉜다. 정수는 1, 2, 3 같은 양의 정수(자연수)와 0, 자연수에 '−' 부호를 붙인 음의 정수가 있고, 정수가 아닌 유리수에는 유한소수와 순환소수가 있다.

무리수는 분수로 나타낼 수 없는 실수를 뜻하는 말로 $+\sqrt{2}$, $-\sqrt{3}$ 같은 제곱근이나 원주율 π와 같은, 순환하지 않는 무한소수로 이루어져 있다.

"$+\sqrt{2}$는 무리수다?"

"$+\sqrt{2}$는 제곱해서 2가 되는 2의 제곱근 양수를 뜻하는 거야. $+\sqrt{2}$의 값을 실제로 구해 보면 $+\sqrt{2}$ = 1.41421356237…과 같이 순환하지 않는 무한소수가 나오는데, 그런 무한소수는 분수로 나타낼 수 없어. 따라서 $+\sqrt{2}$는 무리수가 맞아! 이번엔 ○야."

○를 선택하고 시간을 확인한 아름의 목소리가 다급해졌다.

"시간이 얼마 안 남았어. 설명은 빼고 답만 말해 줘."

"알았어."

남은 문제의 답을 피피가 불러 준 대로 입력하자 아름의 스마트폰 화면 위에 폭죽이 터지는 이미지가 떠올랐다.

"어? 됐다! 합격이야."

화면에 100점이라는 점수가 나타났다. 이어 선물로 소정의 상품이 배송된다는 메시지가 떠올랐다. 아름의 얼굴에 화사한 미소가 걸리자 노을이 핀잔을 주었다.

"리미트 일기 보는 게 그렇게 좋냐?"

"당연하지. 가끔이지만 오빠들이 자기 전에 '굿나잇' 영상도 올려 준다고."

필즈 고사를 무사히 마친 둘은 란희와 파랑 쪽으로 이동했다. 테이블에 엎드려 있던 란희가 인기척을 느끼고 고개를 들었다.

"아아, 이제 나가서 놀고 싶다. 수영장에서 노는 것도 질린다, 질려."

노을도 맞장구치며 한탄했다.

"내 말이. 테러 때문에 이게 뭐야."

며칠 전부터 세계 곳곳에서 테러가 일어나고 있었다. 얼마 전에는 한국의 판문점에서도 테러로 추정되는 가스 폭발이 있었다. 화재를 진압하는 과정에서 부상자가 나왔고, 인터넷에서는 북한의 소행이라는 뜬소문이 나돌았다.

귀한 집 자식인 노을이 외출 금지를 당한 건 당연한 순서였다. 덩달아 노을의 감시자인 란희도 며칠째 집 밖으로 나갈 수 없게 되었다.

란희가 노을을 곁눈질했다.

'그냥 버리고 나가 놀까?'

노을이네 집은 따뜻하고, 간식도 많고, 밥도 맛있었다. 하지만 그것도 하루 이틀이다. 수영장에서 날마다 물놀이를 하는 것도 지겨웠다.

란희가 늘어지는 목소리로 웅얼거렸다.

"이럴 거면 학교에 가는 게 낫지."

입학 이후로 재미있는 일이 많았다. 인질극에다가 납치까지. 아름이를 구하겠다고 배를 빌려서 바다로 나가기까지 했었다. 지금 생각해 보면 모두 꿈같은 일이었다. 그런 모험 같은 일들을 제외하더라도 동아리 활동이나, 긴장을 놓을 수 없는 수업 방식 또한 흥미로웠다.

노을이 란희의 말을 거들었다.

"그러게. 차라리 빨리 2학년으로 올라가는 게 낫겠다. 가능하다면 넷이 같은 반으로."

아름이도 고개를 끄덕였다.

"나도 기숙사로 돌아가고 싶어. 콘서트도 못 보는데 방학이 무슨 의미가 있어?"

아이들이 모두 번갈아 가며 한마디씩 했다. 그러는 동안에도 파랑은 수학 문제를 풀고 있었다. 자연스레 아이들의 시선이 파랑에게로 쏠렸다. 너도 어서 동조하라는 의미의 시선이었다.

파랑의 표정에 변화가 없자 란희가 얼굴을 쑥 들이밀었다.

"아까부터 뭘 그렇게 열심히 하고 있는 거야?"

움찔 놀란 파랑이 몸을 뒤로 젖히며 란희와의 거리를 확보했다. 그제야 아이들이 저를 보고 있음을 깨달았다.

파랑은 손가락으로 볼을 긁적였다.

"피타고라스 수학 캠프 신청하려고 문제 푸는 중이야."

"수학 캠프?"

노을이 의문을 표시했다. 처음 듣는 걸 보니 학교 행사는 아닌 듯했다.

"만 15세 이하를 대상으로 하는 수학 캠프야. 전 세계 10개국에서 동시에 열리는데, 우리나라도 포함되어 있어. 참가하고 싶으면 '피타고라스의 정리'를 증명해서 보내야 해. 그러면 열 명을 선정해서 캠프 초대장을 줘."

"거우 열 명? 열다섯 살 이하면 참가자 나이도 다양하겠네?"

"만 15세에 참가하는 게 가장 유리하니까 대부분 중3일 거야. 지원도 한 번밖에 못 하고."

"아, 그렇겠다. 넌 그걸 신청하려고?"

"내년 겨울 방학에는 고등학교 입학 준비도 해야 하니까 이번이 좋을 것 같아서."

갑자기 노을의 눈동자에 진도 6.5의 지진이 일어났다. 파랑이 수학 캠프에 가 버리면 기세를 몰아 란희와 아름이도 나가 놀지 모른다. 그럼 겨울 방학 내내 혼자 물장구치는 신세가 될 것이다.

"안 돼. 난 결사반대! 네가 수학 캠프에 가 버리면 난 심심해서 죽을 거야!"

노을은 내친김에 파랑의 샤프도 빼앗았다.

"내가 있어도 심심한 건 마찬가지잖아."

"안 돼. 안 돼."

고개까지 젓는 노을의 모습에 파랑이 무심하게 말했다.

"그럼 같이 가든지."

"응?"

"초대장 한 장으로 네 명까지 갈 수 있어."

"그럼······?"

모두가 같이 갈 수 있다는 뜻이었다. 집을 벗어날 방법을 찾아

낸 노을이 양팔을 들어 올리며 외쳤다.

"만세!"

란희와 아름이까지 따라서 만세를 불렀다.

"만세!"

"수학 캠프라니! 수학 캠프라니! 이거면 우리 엄빠도 허락해 주시겠지?"

노을은 호들갑을 떨며 기뻐했다. 란희와 아름도 방학 이후 가장 밝은 표정을 지으며 가고 싶다는 마음을 내비쳤다. 노을은 빼앗았던 샤프를 돌려주고 파랑의 어깨를 주물렀다.

"어서 풀어, 어서."

"그래. 우리 방해 안 할게."

노을과 란희가 초롱초롱하게 눈을 빛내자 파랑은 슬쩍 시선을 피했다. 초대장을 받지 못하면 다들 크게 실망할 것 같았다.

"좋아할 거 없어. 아직 초대장을 받은 게 아니잖아."

"받으면 되잖아. 어서 해, 어서."

"초대장을 받으려면 피타고라스의 정리를 증명해야 한다니까."

"그래. 어서 증명해."

태평한 노을의 반응에 파랑은 이마를 매만졌다. 파랑은 다시 인터넷 사이트에서 출력한 프린트물을 훑어보았다.

파랑의 어깨를 주무르던 노을이 프린트물의 내용을 보고는 인상을 썼다.

피타고라스 수학 캠프에 초대합니다.

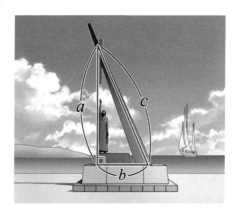

그리스의 동부 사모스 섬에 위치한 피타고리온 항구에는 스스로 직각삼각형의 한 변이 되어 서 있는 위대한 수학자 피타고라스의 동상이 있습니다. 피타고라스는 직각삼각형의 빗변 c의 제곱은 나머지 두 변 a, b의 제곱의 합과 같다는($c^2 = a^2 + b^2$) 심오한 질서인 피타고라스의 정리를 발견한 수학자입니다. 이 피타고라스의 정리를 자신만의 독창적인 방법으로 증명해 주세요.

"무슨 말인지 모르겠다. 네가 적고 있던 게 증명법이야?"

"그렇긴 한데, 아직 완전하지 않아. 더 간단한 증명법을 찾아야 해."

"음……. 그런데 이런 문제로 어떻게 열 명을 뽑아? 이미 누가 증명해 놓은 게 있을 거 아니야. 그걸 보고 쓰는 애도 있을 것 같은데."

"그렇겠지. 피타고라스의 정리를 증명하는 방법은 이미 400가지가 넘으니까. 내가 알고 있을 정도로 유명한 방법도 열 가지는 넘고."

노을은 여전히 이해할 수가 없었다.

"그럼 너도 그중에 하나를 골라서 쓰면 되잖아."

"알려진 증명법을 베껴 쓰는 게 아니라 자신만의 방법으로 증명을 하는 게 문제의 핵심이야. 간결하고 직관적인 증명을 제출할수록 초대장을 받을 확률이 높아지고."

"다른 사람이 대신해 줄 수도 있겠네. 고등학생 형이나 누나라든지. 선생님이라든지."

"그렇게 해서 열 명 안에 드는 건 의미가 없잖아."

"아니야! 우리한테는 충분히 의미 있어!"

노을이 단호하게 외쳤다. 그러자 란희가 노을의 걱정을 덜어 주었다.

"걱정하지 마. 우리는 갈 수 있어. 파랑이가 있잖아."

파랑은 곤란함을 느꼈다. 일반인들에게는 잘 알려지지 않은 캠프였지만 경쟁률은 상당히 높았다. 유명한 수학자 중에 이 캠프 출신이 많다는 사실이 알려지면서 경쟁률은 계속 올라가는 추세였다.

아무것도 모르는 노을이 히죽 웃으며 말했다.

"하긴. 수학 캠프면 인기도 별로 없을 거야."

"맞아. 그렇겠지?"

란희가 따라서 히죽 웃었다. 아이들에게 중요한 것은 '수학'이 아니라 '캠프'였다. 집 밖으로 나갈 수 있다면 어떤 곳이라도 상관없었다. 아이들이 히죽히죽 웃고 있자, 파랑은 슬쩍 고개를 돌렸다.

파랑이 풀이에 집중하는 동안 아이들은 수학 캠프에 대한 꿈에 부풀었다. 특히 노을은 양손을 마주 잡은 채 꿈과 환상의 나라를 떠다니고 있었다.

"이것은 운명! 합법적으로 집을 벗어나서 놀 기회야."

같이 들떠 있던 란희의 고개가 갑자기 기울어졌다.

"그런데 보내 주실까? 노을이 넌 테러 때문에 집 밖으로도 못 나가잖아."

"그래도… 수학 캠프라면 보내 주시지 않을까?"

"꼭 넷이 안 가도 되는 거지? 안 되면 너 빼고 우리 셋이 가면 되겠다."

노을의 얼굴이 붉으락푸르락해졌다.

"허락받을 거거든! 무슨 수를 써서라도 꼭 받을 거거든!"

아름이도 한마디 거들었다.

"미리 옷 사 놔야겠다. 내일 쇼핑 가자!"

아직 문제를 풀지 못한 파랑은 알 수 없는 책임감을 느꼈다.

고백할 거야

"으으, 춥다."

대문 밖으로 나온 란희가 몸을 움츠렸다. 사계절 내내 온난한 온도를 유지하는 노을이네 집 안에서는 종종 계절을 잊어버리게 된다. 조금 전까지 물놀이를 했다는 사실이 믿기지 않았다.

뒤따라 나온 아름이도 목에 두르고 있던 목도리를 단단히 여몄다.

"아침보다 더 추워진 것 같아."

둘은 뒤돌아서서 원망 어린 눈으로 대문을 노려보았다.

파랑이 노트를 수영장에 두고 나와서 기다리는 참이었다. 평소라면 내일 가져가라고 호통을 쳤겠지만, 캠프 초대장을 받기 위한 피타고라스의 정리 증명법이 적혀 있다는 말에 입을 다물었다.

"추운데 그냥 버리고 갈까?"

란희가 그렇게 투덜거릴 때였다. 코트 주머니 속에서 발랄한 벨소리가 울렸다. 휴대전화를 꺼내서 액정을 확인해 보니 태수에게서 걸려 온 전화였다.

미간을 좁힌 란희가 퉁명스럽게 전화를 받았다.

"왜?"

태수의 목소리가 흘러나왔다.

"목소리 들으려고 전화했어. 내일 출국하면 못 들으니까."

"꼭 들을 필요는 없잖아."

"난 듣고 싶으니까."

민망해진 란희가 입술을 삐죽거리며 말을 돌렸다.

"너 유럽 간다면서. 테러, 위험한 거 아니야?"

"테러가 일어난 독일이랑 이탈리아는 일정에서 뺐으니까 괜찮아."

"어디로 가는데?"

"오스트리아 비엔나, 스위스 취리히, 프랑스 파리. 열흘씩."

'비엔나'와 '취리히'라는 말에는 딱히 떠오르는 게 없었지만 '파리'라는 말을 듣자 떠오르는 게 있었다. 사진으로만 본 에펠탑과 루브르 박물관. 란희도 꼭 한번 가 보고 싶었던 곳이다.

"좋겠다. 루브르 박물관도 가?"

"응. 파리에서는 내내 루브르 박물관에만 있을 것 같아."

"나도 파리에 가 보고 싶은데. 아니, 비행기라도 타 봤으면 좋겠다."

란희가 아쉬워하자 태수가 물었다.

"넌 방학 내내 노을이네에만 있는 거야?"

"우리도 캠프에 갈 것 같긴 해."

"캠프? 노을이랑?"

"아름이랑 파랑이도 같이."

"···파랑이도?"

파랑의 이름이 나오자 태수의 목소리가 가라앉았다.

"응. 넷이서."

때마침 대문 밖으로 걸어 나온 파랑이 높낮이 없는 목소리로 말했다.

"가자."

란희는 휴대전화를 고쳐 쥐며 걸음을 옮겼다. 휴대전화 너머에서 다시 태수의 목소리가 흘러나왔다.

"지금도 다 같이 있나 봐?"

"노을이는 집 밖으로 한 발자국도 못 나가거든. 귀한 집 자식의 비애랄까. 그래서 같이 놀아 주다가 돌아가는 길이야. 아, 너도 귀한 집 자식이었지."

태수는 낮게 웃었다.

"그래. 조심해서 들어가. 눈 쌓인 데 얼어서 미끄럽더라."

"너도 여행 잘 다녀와."

통화를 마치고 고개를 들어 보니 아름의 반짝이는 눈망울이 란희에게 고정되어 있었다.

"태수?"

"응."

"뭐래? 뭐래?"

란희의 시선이 파랑에게 슬쩍 닿았다가 다시 아름에게로 돌아갔다.

"내일 여행 떠난다고."

"어디로? 어디로?"

대충 얼버무리려고 했는데 아름이 은근한 목소리로 캐묻기 시작했다.

"유럽."

"얼마나?"

"한 달간 간대."

"와, 좋겠다. 유럽이라니."

아름이 부러운 마음을 아낌없이 표출했다. 란희는 괜히 파랑의 눈치를 살폈다.

"우리도 수학 캠프 갈 거잖아."

"맞아. 우리도 갈 거니까. 아니, 그런데 그게 다야?"

"응?"

"뭐 없어?"

"뭐가 없냐니?"

란희가 모르는 체 넘어가려고 하자, 아름이 단도직입적으로 물었다.

"둘이 재결합할 생각은 없느냐는 말이지."

란희는 당황하며 손사래를 쳤다.

"에이, 그런 거 아니야. 됐어. 지나간 남자는 돌아보는 거 아니랬어."

"누가 그래?"

"우리 엄마가."

"흐음……."

아름은 아쉽다는 듯이 입맛을 다셨다.

축제 이후로 속도를 늦추기는 했지만, 태수는 여전히 란희에게 조금씩 다가가는 중이었다. 란희는 별 내색을 하지 않았지만.

"난 여기서 갈게."

아름이 갈림길에서 방향을 틀며 손을 흔들었다. 입에서 하얀 김이 새어 나왔다.

"내일 봐."

란희도 화답하듯 손을 흔들었다.

파랑과 둘이 남겨지자 어색해진 란희가 손을 호호 불었다.

"오늘 진짜 춥다."

"응. 춥네."

파랑은 태수와의 통화를 조금도 신경 쓰지 않는 기색이었다.

한동안 나란히 걷던 둘은 사거리 신호등 앞에 멈춰 섰다. 둘 사이에는 별다른 대화가 오가지 않았다.

그때 분홍색 귀마개를 한 여자애가 쭈뼛거리며 다가왔다. 란희의 기억 속에도 있는 여자애였다.

'쟨… 노을이랑 같은 반인데. 이름이 가연이었나?'

매 순간 노을을 감시하다 보니 2반 아이들 이름까지 달달 외우게 된 란희였다. 그 아이가 점점 다가오자 란희의 눈이 새초롬해졌다. 목적성이 다분한 발걸음이었다.

그 애는 란희의 예상대로 파랑 앞에 섰다.

"안녕."

파랑이 표정 없는 얼굴로 그 애를 쳐다보았다.

"누구……?"

"나 몰라? 우리 1년 동안 같은 반이었는데 서운하다. 나 가연이야. 김가연."

"아, 그렇구나."

뒤늦게 알아봤다기보다는 같은 반이었다는 걸 이해했다는 투였다. 그럼에도 가연은 친근하게 말을 걸어왔다.

"어디 가는 길이야?"

"집에."

"흐응. 데이트?"

가연은 옆에 멀뚱히 서 있는 란희를 의식한 듯 물었다.

"노을이네 집에서 같이 놀았어."

성의 없는 파랑의 답이 이어졌다. 하지만 가연이 궁금했던 건 그런 게 아니었다. 가연은 더욱 단도직입적으로 물었다.

"둘이 무슨 사이야?"

"친구."

파랑은 고민도 하지 않고 깔끔한 답을 내놓았다. 그러자 가연의 얼굴이 조금 밝아졌다.

"역시 그렇지?"

가연은 돌연 란희 쪽으로 시선을 돌렸다.

"그럼, 허란희. 자리 좀 피해 줘."

란희는 부루퉁한 얼굴을 했다.

"내가 왜?"

"파랑이한테 고백할 거거든. 지금, 여기에서. 그러니까 넌 눈치 있게 빠져 줘라."

가연은 당당했다. 파랑은 여전히 무표정했고, 란희는 기분이 상했다.

"고백을 무슨 예고하고 하냐? 잘해 봐라."

신호등이 파란불로 바뀌자 란희는 보란 듯이 혼자 횡단보도를 건넜다. 그런 뒤 길 건너 골목으로 쏙 들어갔다.

란희는 골목 사이에서 눈만 내밀었다. 횡단보도 건너편에 서 있는 파랑의 동태를 살피기 위해서였다. 하지만 도롯가인 데다가 상점에서 흘러나오는 노랫소리 때문에 두 사람이 무슨 얘기를 나누는지 들리지 않았다.

'뭐라고 하는 거야?'

잘 보이지는 않았지만, 파랑이 뭐라고 대답했는지 가연이 해사하게 웃는 것만 같았다. 그 표정이 유달리 신경 쓰였다.

'설마 고백을 받아 주는 건 아니겠지?'

둘이 사귀기라도 하면 어쩐지 속이 매우 쓰릴 것 같았다.

파랑과 란희는 축제 이후로 조금 애매한 관계가 되었다. 지난 축제 때 커플 매칭 프로그램에서 서로의 이름이 나온 이후로 며칠간 썸 비슷한 게 오고 갔다. 하지만 눈치 따위 밥 말아 먹은 노을이 사사건건 방해하는 바람에 흐지부지되고 말았다.

한마디로 타이밍을 놓친 것이다.

'엄마가 사랑은 타이밍이랬는데.'

역시 엄마 말은 틀리는 게 없다.

한번 어긋나고 나니 계속 그대로였다. 란희가 이따금 장난치는 척 떠봤지만 파랑은 별다른 반응을 보이지 않았다.

'패기 없는 자식.'

란희는 툴툴거리며 건물 외벽을 발로 툭툭 찼다.

'패기가 아니라 마음이 없는 건가?'

가연은 아직도 조잘조잘 무언가를 얘기하는 중이었다. 파랑의 입가에 미소가 걸린 것을 확인한 순간, 란희의 스트레스가 폭발했다.

'고백이 마음에 들었다는 건가?'

란희는 머리를 부여잡고 돌아서서 걸었다. 들리지도 않는 거 구경하면 뭐 하나 싶었다.

'떡볶이나 사 먹어야지.'

괜히 씩씩거리며 발걸음을 돌렸을 때였다. 누군가가 골목으로 뛰어 들어왔다. 검은색 코트에 검은색 마스크를 쓴 남자가 란희의 어깨를 툭 치고 지나갔다. 덕분에 란희의 몸이 핑그르르 돌았다.

"으악!"

란희가 소리치며 넘어지자, 어깨를 치고 간 남자가 걸음을 멈추고 돌아보았다.

"괜찮아?"

남자가 돌아와 손을 내밀었다.

시커먼 마스크를 쓰고 있어서 얼굴은 보이지 않았다. 목소리도 땅을 뚫고 들어갈 것처럼 낮았다.

란희의 눈동자에 의심이 어렸다.

'대낮의 강도? 치한? 납치범?'

란희는 남자의 손을 뿌리치고 일어나며 앙칼지게 외쳤다.

"뭐, 뭐 하는 거예요?"

"부딪친 건 미안. 좀 바빠서. 다치진 않았어?"

"됐어요. 괜찮아요."

"그래. 그럼 내가 바빠서."

남자는 다시 골목 안쪽으로 걸어갔다.

"아, 정말 뭐야. 새 옷인데."

투덜거리며 옷에 묻은 먼지를 털어 내고 고개를 들었을 때였다. 조금 전의 시커먼 남자가 되돌아오는 게 보였다. 란희는 괜히 움찔했다.

코앞까지 다가온 남자가 중저음의 목소리로 물었다.

"어느 길로 가야 쇼핑센터가 나오는 거지?"

먹지도 못하는

란희는 남자의 얼굴을 빤히 쳐다보았다. 자세히 보니 강도나 치한은 아닌 것 같았다. 검은색 마스크를 쓰고 있어서 바로 알 아차리지는 못했지만 눈빛이 좋았다. 진하면서도 반짝인달까.

란희는 손가락으로 골목 밖을 가리켰다.

"나가서 왼쪽으로 가면 큰길이 나와요. 그대로 쭉 가시면……."

"큰길? 큰길은 곤란한데. 오른쪽으로 가면?"

시커먼 남자는 란희의 말을 다 듣지도 않고 되물었다.

"그쪽도 나오긴 하는데……. 큰길로 가는 게 더 빨라요. 아파트 단지는 완전히 미로거든요. 길이 복잡해서 헤맬 거예요. 그냥 왼쪽 큰길로 가세요. 사거리에서 횡단보도를 건넌 다음에 길 따라서 쭉 내려가면 쇼핑센터가 나와요."

"큰길은 안 돼. 쫓기고 있어."

"어? 역시 강도?"

남자의 눈에 당황한 기색이 어리더니 이내 쿡쿡거리는 웃음이 마스크 사이로 새어 나왔다.

"아니야."

"그럼 뭐예요?"

남자는 좀 더 크게 웃으며 마스크를 벗었다. 그러자 란희가 눈을 몇 번 깜박였다.

키가 커서 어른이라고 생각했는데, 드러난 얼굴은 란희와 비슷한 또래의 남자였다. 그려 놓은 듯한 눈매, 오똑한 콧날, 비틀린 듯 올라간 입매와 냉소적인 표정.

분명 어디선가 본 얼굴이었다. 예를 들면 아름의 필통이나, 티셔츠, 양말 같은 곳에서라든가. 지난가을 축제에서라든가.

란희는 눈을 한 번 더 깜박였다.

눈앞의 얼굴은 아름이가 사랑하는 유리수 옆을 차지하고 있던……

"무리수?"

아이돌 그룹 리미트의 멤버인 무리수가 픽 웃었다.

"알아는 보네. 오늘 숙소 밖으로 나온 거 매니저 형한테 들키면 안 되거든. 시간 괜찮으면 쇼핑센터 근처까지 안내 좀 부탁해도 될까? 팬들한테 쫓겨서 큰길로는 갈 수가 없어서 그래."

란희의 눈매가 호선을 그리며 휘어졌다.

"맨입으로요?"

"뭐?"

"세상에 공짜가 어디 있어요?"

"음, 사인해 줄까?"

"먹지도 못하는 사인은 됐고요. 떡볶이?"

"팬이랑은 따로 밥 안 먹어."

"그럼 됐네요. 난 팬 아니니까. 떡볶이로 합의! 땅땅땅!"

"뭐?"

"아무튼 따라와요. 반항하지 말고요. 나 지금 상처받은 영혼이거든요."

란희가 척척 앞장서 갔다. 어쩐지 말려들고 만 무리수는 마스크를 쓰고 뒤늦게 란희를 따라갔다.

"중학생?"

"이제 2학년 올라가요."

"정말 우리 팬 아닌가 보네."

"아니라니까요."

"분발해야겠다. 아직도 우리 팬이 아닌 소녀가 남아 있다니."

"뭐래."

란희는 차가운 바람을 피해 손을 호호 불었다. 그런 뒤 아파트 단지 안으로 들어서며 말했다.

"팬이 쫓아오면 그냥 사인해 주고 보내면 되지 뭘 도망치고 그래요?"

"팬은 팬인데 사생팬이야. 요즘 극성인 애가 있거든."

"그렇구나. 난 또 강도나 치한 같은 사람인 줄 알고 놀랐잖아요. 시커멓게 하고 있어서."

"내가 어디를 봐서 강도나 치한이야. 이렇게 훤칠한데."

란희는 손가락으로 무리수가 쓰고 있는 마스크를 지목했다.

"마스크 썼잖아요. 그것도 검은색."

"마스크로도 가릴 수 없는 잘생김이 있을 텐데?"

"뭐 그렇다고 쳐요."

"소녀는 왜 상처받은 영혼 상태로 떠돌고 있는 건데?"

"그냥요. 세상일이 마음처럼 안 흘러가네요."

"중2병?"

"아니거든요. 그, 왜, 있잖아요. 고백받았는데 헬렐레하고 웃으면 긍정의 의미겠죠?"

란희는 저도 모르게 한숨을 폭 내쉬었다.

"누가 좋아하는 남자애한테 고백했어?"

"좋아하는 건 아니거든요!"

란희가 격렬하게 부정하자, 무리수가 낮게 웃었다.

"다른 건 모르겠고 한 가지는 확실해."

"뭔데요?"

"질척거리면 매력 없어."

"저, 방금 질척거렸어요?"

"무척. 갯벌 체험하는 줄 알았어."

란희가 충격을 받아 멈춰 선 사이에 무리수가 길을 가늠하며 말을 이었다.

"길이 미로 같네."

정신을 차린 란희가 안내자의 본분을 되찾으며 앞장섰다.

"말했잖아요. 미로 같다고요. 저 없으면 미아 되니까 잘 따라와요."

생색내는 란희를 보며 무리수는 한 번 더 웃었다.

"시간만 많으면 어떤 미로든 나갈 수 있어. 아무리 복잡한 미로라도 오른쪽이나 왼쪽 중 한쪽 벽을 택해 계속 따라가면 출구가 나오니까. 수학자 노버트 위너가 증명한 '벽 따르기 법'이야."

란희가 고개를 갸웃거렸다. 낯선 아이돌에게서 파랑의 냄새가 나는 것 같았다. 그는 아파트 단지의 구조가 재미있는지 계속 주변을 두리번거렸다.

"그 벽 따르기 이론은 완벽해요?"

"응. 단점도 있긴 해. 갔던 길을 다시 되돌아 나오게 되는 경우도 있거든. 물론 세 면이 벽으로 둘러싸인 막다른 곳을 머릿속에서 지우며 진행하면 시간을 조금 단축시킬 수는 있겠지만.”

“미로 속에서 그걸 어떻게 기억하고 있다가 하나씩 지워요?”

란희가 고개를 절레절레 저었다. 단지 사이로 부는 바람이 란희의 머리카락을 흩뜨리고 지나갔다. 추위 때문에 걸음이 절로 빨라졌다.

“그런데 내가 사생팬이면 어쩌려고 마스크도 벗고 길을 물어봤어요?”

“사생팬들은 속눈썹만 봐도 나인 걸 알아보거든.”

란희는 새삼 팬들이 대단하다고 생각했다. 하긴, 아름을 보면 숨소리만 들어도 알아볼 것 같기는 했다.

“그렇구나.”

“길 진짜 복잡하네. 소녀 아니었으면 고생했겠다.”

“란희요.”

“응?”

“소녀 아니고 란희라고요.”

“그래. 란희. 너 재미있는 애구나.”

“다들 그렇게 말해요.”

어깨를 으쓱인 란희는 아파트 단지의 마지막 갈림길로 접어들었다.

“그런데 쇼핑센터는 왜 가요? 여자 친구 만나러?”

“큰일 날 소리 한다. 찬 바람 좀 쐬고 싶었어. 콘서트 준비하느라 몇 달간 개인적인 시간을 못 가졌거든. 잠도 한두 시간밖에 못 자니까 컨디션도 엉망이고, 기분도 엉망이고."

"사춘기?"

"그럴 수도 있고."

"저기 끄트머리 건물 보이죠? 저게 쇼핑센터예요."

란희의 말처럼 아파트 단지 뒤로 쇼핑센터 건물이 보였다.

"아, 이제부터는 긴장해야겠다. 분명 팬들도 있을 텐데."

"사생팬이면 어느 정도인데요?"

"숙소 건물로 숨어 들어와서 멤버 소지품을 가져가는 일도 있고, 갑자기 나타나서 몸을 만지거나 머리카락 뽑아 가는 일도 있고. 어떤 때는 혈서 같은 것도 써 오고, 그래."

히익 소리를 내며 놀란 란희는 새삼 세상의 공평함을 느꼈다.

"역시 세상에 좋기만 한 일은 없나 봐요."

"뭐가?"

"아이돌이라고 하면 보기엔 좋아 보이잖아요. 인기도 많고, 돈도 많이 벌고. 그런데 잠도 못 자고, 밖에 나온 것도 오랜만이라니까 딱해 보여서요. 기껏 나와서도 이렇게 시커먼 마스크 쓰고 돌아다녀야 하고요."

"그렇지. 좋기만 한 생활은 아니야. 걱정해 줘서 고맙다."

"걱정한 거 아닌데. 세상에서 제일 쓸데없는 일이 뭔지 알아요? 아이돌 걱정이랬어요. 어쨌든 좋아서 하는 거잖아요. 나름 성공도 했고. 그럼 부수적으로 따라오는 문제는 감당하는 수밖에 없죠."

"그것도 그렇네."

무리수의 입가에 그린 듯한 미소가 걸렸다. 출구가 보이자 란희가 걸음을 멈췄다.

"나가서 오른쪽으로 꺾으면 쇼핑센터예요. 여기서부터는 찾아갈 수 있죠?"

"고마워. 떡볶이는 못 사 주겠지만, 대신 이거 줄게."

무리수는 품에서 종이봉투를 꺼냈다. 하나만 꺼내려 했던 것 같은데, 안주머니에 들어 있던 팬레터들이 같이 딸려 나왔다. 팬레터가 바닥으로 후두둑 떨어지자 당황한 무리수가 황급히 주워 들었다.

팬레터를 다시 품 안에 밀어 넣은 그는 머쓱한지 변명을 했다.

"나오면서 챙기다 보니까."

떨어졌던 팬레터들은 다시 품 안으로 들어갔고, 무리수의 손에 남겨진 건 두 개의 봉투뿐이었다. 아무것도 적혀 있지 않아 구분할 수가 없었다. 무리수는 내용물을 확인하려고 봉투를 열었다.

안에는 머리 부분이 도려내진 무리수의 사진이 들어 있었다. 그리고 잡지에서 오려 낸 것 같은 숫자 하나가 들어 있었다.

'4.'

무리수의 눈매가 일그러졌다.

"죽으라는 건가? 또 시작이네."

곁눈질로 사진을 확인한 란희는 당황해서 무리수의 기색을 살폈다. 말로만 들었지 실제로 이런 편지를 본 것은 처음이었다.

"완전히 또라이네요."

"정상은 아니지."

"이런 거 자주 받아요?"

"이 정도는 팬레터라고 생각할 만큼."

"인생이 호러물이겠네요."

무리수는 옅은 미소를 지으며 열어 보지 않은 봉투를 란희에게 내밀었다.

"자, 상처받은 영혼이 치유될 만한 선물."

란희가 봉투를 열어 보니 콘서트 티켓 두 장이 들어 있었다.

"먹지도 못하는……."

"팔아. 팔면 떡볶이 100인분은 먹겠다."

"아, 그렇네."

"아무튼, 길 안내해 줘서 고맙다, 소녀."

"란희라니까요."

"그래."

웃으며 란희의 머리카락을 흩뜨린 무리수는 아파트 단지 출구로 달려갔다. 한동안 무리수의 뒷모습을 지켜보던 란희가 제 머리카락을 손가락으로 가다듬었다.

"잘생기긴 했네."

란희는 손에 들린 티켓을 보다가 아름에게 전화를 걸었다.

"나 콘서트 티켓 두 장 구했어."

"무슨 콘서트?"

"리미트 콘서트."

"…뭐? 리, 리미트? 사랑해! 란희야!"

아름이가 안 간다고 하면 팔아서 떡볶이나 사 먹어야겠다고 생각했던 란희는 뒤늦게 입맛을 다셨다.

"12일이야."

"콘서트 둘째 날이네. 좋아! 가자! 맨 뒷좌석이라도 좋아. 면봉만 한 오빠들이라도 보고 싶어!"

"VIP 좌석인데."

"꺄아아아아아악!"

아름의 숨넘어가는 소리가 휴대전화 너머에서 들려왔다.

* '벽 따르기 법'을 이용해서 미로를 탈출해 보세요!

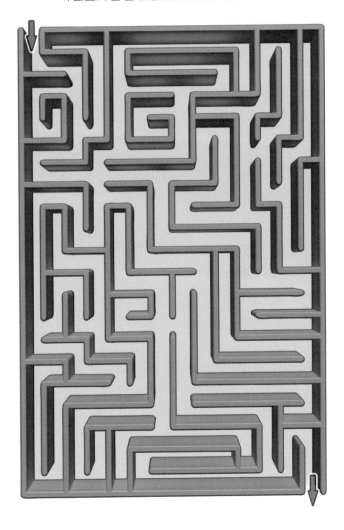

그날 밤, 노을

노을은 컴퓨터 화면 속의 사진을 보며 들떠 있었다. 수학 캠프
가 열리는 연수원은 운치 있는 4층짜리 목조 건물이었다. 마치
영화 속에 등장하는 산장 같은 느낌이었다.

살인범이나 좀비, 뱀파이어가 튀어나올 것 같달까.

옆에 건물이 더 있는 것으로 봐서 규모가 꽤 큰 연수원 같았
다. 전체 모습을 확인할 수 있는 사진이 없어서 추측만 할 뿐이
었지만.

"밤새 귀신 얘기 하면 딱 좋겠다."

들뜬 노을을 향해 피피가 설명해 주었다.

"1년에 한 번, 수학 캠프 때 말고는 외부 공개가 안 되는 곳이

야."

"우아, 끝내준다."

"캠프에 들어가면 2주 동안 캠프 프로그램을 따라야 하고."

"2주나? 대박."

2주 동안이나 집에서 벗어날 수 있다니. 3박 4일 정도를 생각했던 노을은 쾌재를 불렀다. 이보다 완벽한 일정은 있을 수 없었다.

피피가 다음 사진을 보여 주었다. 노을은 사진 속 아이들의 모습을 보며 눈을 의심했다.

"이게 뭐야?"

"캠프 안에서는 모두 이 옷을 입고 있어."

노을의 눈이 동그래졌다. 사진 속의 아이들은 모두 똑같은 옷을 입고 있었다. 교복이라기보다는 제복에 가까운 옷 위로 하얀 망토까지 두르고 있었다.

"소오름! 저 망토는 뭐야? 냉기 저항을 올려 줄 것같이 생겼잖아."

"피타고라스 수학 캠프의 오랜 전통이래."

수학 캠프라기보다는 마법 캠프에 가까운 모습에 노을은 다시 헤벌쭉해졌다.

"대박이잖아! 재밌겠다. 다른 정보는 더 없어?"

"정보라고 할 만한 게 없어. 검색되는 사진은 내가 보여 준 두 장이 전부야. 아무래도 내부에서는 사진 촬영이 통제되는 것 같

아. 알려진 바로는 입소할 때 비밀 서약을 한대."

들을수록 미스터리하고 흥미진진했다.

"오오! 미지의 세계와의 조우! 모험과 낭만! 눈 덮인 설산! 캠프 파이어! 미스터리! 그리고 합법적인 장기 외박!"

노을이 호들갑을 떨며 무릎을 쳤다. 하지만 문제도 있었다.

"근데 2주나 되는 캠프를 허락받을 수 있을까? 이렇게 알려지지 않은 캠프면 반대하실 수도 있는데."

"그럼 안 가면 되잖아."

"안 돼! 꼭 갈 거야. 무슨 수를 써서라도 갈 거야! 여행용 가방을 끌고 가야겠지? 2주 동안이니까 옷도 많이 챙겨야겠지?"

"파랑이 벌써 초대장을 받은 것도 아니잖아. 결과는 3일 후에 나와."

피피가 현재 상황을 냉정하게 말해 줬지만, 노을의 마음은 이미 캠프에 가 있었다.

"아닌가? 캠프복을 입어야 하면, 내 옷을 챙겨 갈 필요는 없으려나?"

"파랑이가 떨어질 수도 있어. 열 명만 뽑는다니까."

"괜찮아. 난 파랑이를 믿어! 우릴 캠프에 보내 줄 거야!"

"지금까지 지원자는 11154명. 경쟁률이 1000 대 1을 넘어갔어."

"1000 대 1?"

노을의 눈이 커졌다. 기본적으로 수학에 관심이 많은 이들이

지원했을 것이다. 피타고라스의 정리라니. 노을은 생각도 하고 싶지 않은 증명을 해낸 중학생이 만 명이나 된다는 말이었다.

분명 그들 중에는 만 15세를 꽉 채운 참가자나 어른의 도움을 받은 참가자도 있을 것이다. 그럼 직접 문제를 푼 파랑이 불리했다.

"안 돼! 내 캠프!"

남은 방학을 이대로 집 안에서만 보낼 수는 없었다.

'어쩔 수 없지.'

참가신청 사이트에 접속한 노을이 비장하게 말했다.

"피피야, 답 좀 알려 줘. 열 명 안에 확실히 들어갈 만한 걸로."

피피는 컴퓨터 모니터에 그림판을 띄웠다. 그리고 하얀 배경

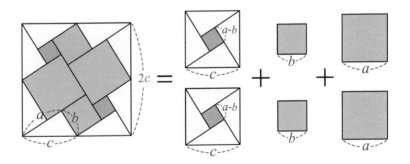

위에 도형을 그리기 시작했다. 피피가 뭘 그리는지 지켜보던 노을은 곧 관심을 거뒀다.

'봐도 모르겠다.'

잠시 후 피피의 목소리가 스피커에서 흘러나왔다.

"이거야."

한참 동안이나 화면을 바라보던 노을이 이해할 수 없다는 듯 물었다.

"이게 다야? 파랑이 증명법은 굉장히 길던데."

"이거면 충분해."

"네가 그렇다면 그런 거겠지."

파일을 저장해서 사이트에 업로드한 노을이 히죽거리며 말을 이었다.

"이제 열 명 안에 들어갈 수 있겠지?"

"물론이야. 난 완벽하다고."

피피가 자신만만하게 답했다.

2장

세기의 천재,
수학 신동 진노을

대국민 사기극

피타고라스의 정리 새로운 증명법 발견한 진노을 군
세기의 천재, 수학 신동의 탄생

국제피타고라스학회(International Pythagoras Society)는 한국
의 진노을(14) 군이 피타고라스의 정리를 증명하는 새로운
방법을 발견했다고 공식적으로 발표했다.

피타고라스의 정리는 다른 그 어떤 공식보다도 많은 증명
법이 존재한다. 아인슈타인은 12세 때 자신만의 방법으로

피타고라스의 정리를 증명했고, 미국의 20대 대통령 가필드도 하원의원 시절 새로운 증명법을 발견한 바 있다.

피타고라스의 정리를 증명하는 방법은 400가지 이상. 이제 더는 새로운 증명법이 나올 수 없다는 의견이 지배적이었다. 실제로 한동안 새로운 증명법이 발견되지 않았다.

그런데 대한민국의 중학생 진노을 군이 새로운 증명법을 발견하며 전 세계의 이목을 끌고 있다. 국제피타고라스학회에서는 이를 인정해, 진노을 군의 이름을 딴 '노을의 증명법'을 국제 학술지에 실을 예정이다.

수학특성화중학교 1학년에 재학 중인 진노을 군은 수학만큼이나 컴퓨터 프로그래밍에도 뛰어난 재능이 있는 것으로 알려져 있다. 작년에 있었던 수학올림피아드 대회 무장괴한 인질극 사건 때도 건물의 중앙 시스템을 제어하여 문제를 해결하는 데 결정적인 역할을 한 바 있다.

이처럼 컴퓨터 천재로 알려진 진노을 군이 수학 천재로 또 한 번 이목을 끌면서 '한국의 빌 게이츠'가 탄생할지 모른다는 기대감을 불러일으키고 있다.

[미래일보] 오소연 기자

노을은 평소 '진또라이'라고 불렸다. 란희가 그렇게 부르자, 다른 아이들도 덩달아 그렇게 부른 것이다. 그런데 자고 일어났더니 호칭이 바뀌어 있었다.

'세기의 천재, 수학 신동 진노을'로.

주요 일간지에 실린 기사는 인터넷으로 전파되며 몸집을 불렸다. 노을이 수학올림피아드 대회에서 일어난 인질극 사건을 해결한 주역이었다는 사실과 차기 대선주자 진영진의 아들이라는 사실이 알려지면서 사람들의 관심은 더욱 증폭되었다.

노을은 당황할 겨를조차 없었다. 아침부터 쏟아지는 인터뷰 요청을 거절하느라 진땀을 빼야 했다. 노을이 숨어들수록 언론은 더 달려들었다.

그리고 지금, 노을의 어머니는 여태껏 보인 적 없는 화사한 미소로 전화를 받고 있다. 막 통화를 마친 어머니가 노을을 돌아보았다.

"교장 선생님께서 직접 전화 주셨어. 학교의 명예를 드높였다고 칭찬하시더라. 엄마가 다 우쭐해진 거 있지? 우리 노을이, 용돈 부족하지는 않고?"

노을은 고개를 도리도리 저었다.

"아니요, 충분해요."

"우리 노을이 의젓해졌네. 철든 거야?"

"아하하. 저도 이제 철들어야죠."

일이 조금 커진 감은 있지만 목적은 달성해야 했다. 눈동자를 데구르르 굴리며 눈치를 살피던 노을이 슬쩍 덧붙였다.

"집 밖으로 못 나가니까 용돈 쓸 일도 없고요."

"그래도 나가는 건 안 돼. 테러범이 잡힐 때까지는."

화사한 미소와는 달리 대답은 단호했다.

"'수학' 캠프도 안 돼요? 문제를 풀어서 '수학' 캠프 초대장이 올 거예요. 전 '세계' 10개국에서 동시에 캠프가 열려요. 그렇다고 외국에서 열리는 건 아니고, 우리나라도 10개국에 포함돼요. 그러니까… 음, 만 15세 이하를 대상으로 하거든요. 그런데 한 번밖에 지원을 못 해요. 올해 못 가면 끝이에요."

노을은 일부러 '수학'과 '세계'에 악센트를 주어 말했다.

"우리 노을이 수학이 그렇게 좋아?"

"네! 어려운 문제를 풀면 기분이 좋아져요. 수식이 깔끔하게 떨어질 때나요."

파랑이 평소에 하던 말을 그대로 따라 하자, 어머니의 표정은 더욱 온화해졌다.

"아버지랑 한번 상의해 보마."

노을은 속으로 쾌재를 불렀다. 이건 허락이나 다름없었다.

"네!"

활기차게 대답하고 나니 어머니가 넌지시 말했다.

"인터뷰는 네가 부탁한 대로 다 거절했어. 엄마 생각으로는 한

두 곳 정도는 해도 괜찮을 것 같은데.”

“아뇨, 아뇨. 그건 싫어요.”

노을이 세차게 고개를 저었다. 관련 질문을 받게 되면 거짓말이 들통날 게 뻔했다. 실력이 어느 정도인지 보자며 테스트하려 들 수도 있었다. 아직 제로 잔당이 모두 잡히지 않은 것도 문제였다. 피피 때문에라도 너무 눈에 띄는 건 좋지 않았다.

지금도 충분히 눈에 띈 것 같지만.

“왜? 유명해지면 좋지. 한국을 대표하는 수학 신동이 됐는데. 아니네. 세계적인 수학 신동이지.”

노을은 ‘세계적인 수학 신동’이라는 말에 뻘쭘해졌다. 다행히 노을은 사소한 뻘쭘함은 쉽게 극복할 만큼 뻔뻔했다.

“얼굴 팔리고 그러는 거 싫어요. 사람들이 질투해요. 저 학교도 다녀야 하잖아요.”

“하긴, 너무 잘나도 문제지. 알았어. 엄마가 아버지랑 상의해 볼게.”

“네.”

어머니가 방을 나가자 노을은 헤실헤실 웃었다. 사기를 치긴 했지만, 괜히 어깨가 으쓱해진 것이다. 기지개를 켜며 침대에 누운 노을은 휴대전화를 확인했다. 친구들로부터 문자가 잔뜩 와 있었다. 그중엔 같은 초등학교를 나온 친구의 문자도 있었다.

– 야, 설마 이 진노을이 너냐?

콧대가 하늘로 치솟은 노을은 거만하게 메시지를 입력했다.

– 이 몸이시지. 후훗.

하나하나 답장을 보낸 노을은 인터넷에 올라온 관련 글을 확인했다.
모두들 노을을 천재라고 칭송하고 있었다. 댓글까지 읽으며 키득거리는데, 또 다른 친구로부터 메시지가 도착했다. 이번에는 노을에 대한 기사가 실린 인터넷 기사 링크도 첨부되어 있었다.

– 나 맞아. 친구라고 자랑해도 됨.

답장을 보내고 배시시 웃는데, 방문이 벌컥 열렸다. 노크도 없이 문을 열 사람은 란희밖에 없었다.
"왔냐?"
돌아보지도 않고 물었는데, 예상했던 대로 란희의 목소리가 들려왔다.
"오구오구. 우리 노을이. 어떻게 그런 예쁜 짓을 했어?"
평소와 달리 애교가 섞인 목소리였다. 불길한 예감이 들어서 돌아보니 란희가 양팔을 벌린 채 다가오고 있었다. 노을은 질색하며 팔을 휘적휘적 저었다.

"아, 징그럽게 왜 이래. 또 울 엄마한테 용돈 받았냐?"

"응. 보너스 짱짱하게 주시더라. 떡볶이 사 줄까?"

"됐어! 앞으로 나한테 잘해. 구박하지 말고."

노을의 콧대가 조금 더 높아졌다.

"네이네이. 알겠습니다요."

"너 그런데 왜 이렇게 일찍 왔어?"

"아빠 출근하는 길에 따라왔지. 너야말로 어떻게 된 거야? 수학 캠프 문제는 파랑이가 풀던 거였잖아."

"혹시 몰라서 나도 신청했어."

란희의 눈매가 좁아졌다.

"너 혹시… 피피가 풀었구나."

"그럼 내가 풀었겠냐?"

노을이 키득거리며 대꾸했다.

"미쳤어, 미쳤어. 내가 너 사고 칠 줄 알았다. 걸리면 어쩌려고?"

"안 걸려. 며칠 이러다 말겠지."

"얌전히 있으면 어디가 덧나? 24시간 내내 붙어 있을 수도 없고 걱정이다. 걱정이야."

"왜. 뭐. 너도 공범이야. 보너스 받았다며. 너 입꼬리 올라갔거든."

"티 나?"

란희는 빵빵해진 통장 잔액을 떠올리며 씩 웃었다. 제로 기지를 찾아가는 데 쓰느라 텅 비었던 잔고가 단번에 원상복구된 것이다.

"많이 나."

"그럼 이제 수학 캠프는 확정인가?"

"그렇지. 이 몸 덕분에 최소한 초대장 한 장은 확보한 셈이지. 짐 싸 놔. 2주 동안이래."

"야호!"

란희가 만세를 불렀을 때였다. 노을의 SNS에 비공개 메시지가 도착했다.

- root : 너 바스카라를 교묘하게 활용했더라.

'무슨 말이지?'

뜬금없이 '바스카라'라니, 이해할 수가 없었다. 보낸 사람을 살펴보니 친구로 등록된 상태도 아니었고, 'root'라는 아이디도 낯설었다.

노을은 친절하게 답장을 보냈다.

- 메시지 잘못 보내셨는데요.

– root : 너 수학특성화중학교 1학년 진노을 아니야?

이름을 아는 걸 보니 학교 친구 중 한 명인가 싶기도 했다. 게다가 상대는 말을 놓고 있었다.

– 맞는데. 너 누구냐?
– root : $c^2 = a^2 + b^2$ 말이야.
– 그게 뭔데?

상대는 한동안 답을 보내지 않았다. 대수롭지 않게 여기고 휴대전화를 내려놓았을 때였다. 뒤늦게 메시지가 도착했다.

– root : 네가 푼 게 아니구나?

순간, 등 뒤로 식은땀이 흘러내렸다. 노을은 설마 하는 마음에 피피 아이콘을 터치했다.

"피피, $c^2 = a^2 + b^2$이 뭐야?"

스마일 이모티콘이 화면에 떠오르며 피피의 목소리가 흘러나왔다.

"직각삼각형에서 빗변의 길이 c의 제곱은 나머지 두 변의 길이 a, b의 제곱의 합과 같다는 뜻이야. $c^2 = a^2 + b^2$. 흔히 피타고라

∠C = 90°인 직각삼각형 ABC에서
빗변의 길이 $\overline{AB}$ = c, 나머지 두 변
의 길이를 각각 $\overline{BC}$ = a , $\overline{CA}$ = b라
고 하면

$$c^2 = a^2 + b^2$$

이 성립한다.
이를 피타고라스의 정리라 한다.

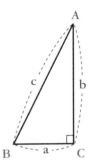

예)

a = 3, b = 4일 경우

피타고라스의 정리에 의하여

$$c^2 = 3^2 + 4^2$$
$$= 9 + 16$$
$$= 25$$

c > 0이므로 c = $\sqrt{25}$ = 5

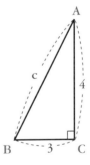

스의 정리라고 해."

망치로 누군가 머리를 내리친 기분이었다.

"그럼 설마 내가 올린 그 도형이……."

"맞아. 이 정리를 다른 방식으로 증명한 거야. 그게 문제였잖아."

노을의 얼굴이 하얗게 질렸다.

"그럼 이 상황에서 내가 $c^2 = a^2 + b^2$을 모르는 건 말이 안 되는 거잖아."

"응."

피피의 답은 간결했고, 노을은 망연자실했다.

그때 한 번 더 메시지가 도착했다.

— root : 세기의 신동이 아니라 세기의 사기꾼이었네. 네 정체는 내가 밝혀 줄게.

하얗게 변한 노을의 얼굴에 란희의 그림자가 드리워졌다.

"뭔데 그래?"

"증명법, 내가 푼 게 아니라는 걸 들켰어."

란희가 노을의 손에서 휴대전화를 빼앗아 가져갔다. root와 주고받은 메시지를 읽어 내려가던 란희의 얼굴이 딱딱하게 굳었다.

"얘 누구야?"

"모르는 애. 우리 학교 애 같기도 하고."

'root'는 란희도 처음 보는 아이디였다.

"됐어. 그냥 무시하자. 이러다 말겠지."

"내 정체를 밝히겠다잖아."

"그렇게 쓸데없는 일에 열정을 바치는 애가 있을 리……."

없다고 말하려던 란희가 동작을 멈췄다. 눈앞에 쓸데없는 일에만 부지런한 노을이 앉아 있었다. 란희는 재빨리 말을 바꿨다.

"이참에 증명법을 배우자, 피피한테."

노을은 제 머리를 쥐어뜯으며 괴로워했다.

"하아. 피타고라스는 왜 이런 걸 정리해서는……."

"걸리면 끝이니까 무조건 배워. 아니면 통째로 달달 외워!"

"…으응."

"아니, 그런데 그 '노을의 증명법'이 그렇게 대단한 거야?"

란희의 질문에 피피가 대꾸했다.

"오랫동안 많은 수학자들이 생각해 내지 못한 방법이야. 새롭고 창의적인 증명법이랄까."

란희는 할 말을 잃었고, 노을은 충격을 받아 말을 더듬기 시작했다.

"그, 그렇게 대단한 거였어? 천재 소년이라고 띄워 준 게 아니라 진짜 천재여야 생각해 낼 수 있었던 거야? 그, 그럼 앞으로

난……."

말을 잇지 못하는 노을의 등을 란희가 퍽 소리 나도록 때렸다.

"내가 너 사고 한번 크게 칠 줄 알았다! 이 또라이야! 피피 너도 그래! 알려 달란다고 그 어려운 문제를 막 풀어 주고 그러면 어떻게 해!"

화살이 피피에게로 돌아갔다.

"어렵지 않았어."

"그건 너니까 쉽지! 애초에 발견되지 않은 풀이법이었다며!"

"인간들은 문제를 너무 어렵게 푸는 경향이 있어. 그나마 '바스카라'라는 수학자가 나랑 비슷한 생각을 했던데."

바스카라 증명법

인도의 대표적인 수학자이자 천문학자인 바스카라가 피타고라스의 정리를 증명한 방법이다.

바스카라는 천문 관측기관에서 근무하며 틈틈이 수학을 연구하여 피타고라스의 증명법을 발견했다. 간단한 그림으로 증명하고는 단 한마디의 설명도 없이 "봐라!"라는 말로 증명을 대신한 것으로 유명하다. 지금까지 발견된 증명법 중 가장 이해하기 쉽다고 평가받는 증명법이다.

빗변의 길이가 c, 나머지 두 변의 길이가 각각 a, b인 직각삼각형 ABC 네 개를 붙여서 그림과 같이 한 변의 길이가 c인 정사각형 ABDE를 만든다. 이때 내부에 만들어지는 작은 정사각형 CFGH의 한 변의 길이는 a - b이다.

큰 정사각형 ABDE의 넓이는 합동인 네 직각삼각형의 넓이와 작은 정사각형 CFGH의 넓이의 합과 같다.

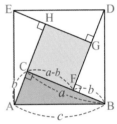

□ABDE의 넓이는 $c \times c = c^2$

$\triangle ABC = \triangle BDF = \triangle DEG = \triangle EAH$

의 넓이는 $\frac{1}{2} \times a \times b = \frac{1}{2}ab$

□CFGH의 넓이는 $(a - b)^2$

□ABDE의 넓이는 $\triangle ABC$, $\triangle BDF$, $\triangle DEG$, $\triangle EAH$, □CFGH의 넓이의 합과 같으므로

$$c^2 = \frac{1}{2}ab + \frac{1}{2}ab + \frac{1}{2}ab + \frac{1}{2}ab + (a - b)^2$$
$$= 4 \times \frac{1}{2}ab + (a - b)^2$$
$$= 2ab + a^2 - 2ab + b^2$$
$$= a^2 + b^2$$

따라서 직각삼각형 ABC에서 빗변의 길이 c의 제곱은 다른 두 변의 길이 a, b의 각 제곱의 합과 같다.

란희는 머리가 지끈거렸다.

"아무튼! 둘 다 반성해. 이건 까딱 잘못하면 초대형 사고야. 정신 똑바로 차려. 절대로 들키면 안 돼."

이제야 사태의 심각성을 깨달은 노을이 불안한 눈빛으로 란희를 응시했다.

"이제 어쩌지?"

"어쩌긴 뭘 어째? 이왕 이렇게 된 거 철저하게 연기해야지. 연말에 연기 대상을 받겠다는 마음가짐으로 임해. 오늘부터 넌 수학 천재 진노을이야."

노을이 한숨을 내쉬자 란희가 혀를 쯧쯧 찼다.

"아니면 피피에 대해서 설명하고 아저씨한테 해결해 달라고 부탁해. 죽이기야 하시겠니? 아들이라고는 너 하나밖에 없는데."

"그럴 순 없어. 이거 들통나면 아버지한테도 영향 있을걸. 강제 유학을 가게 될지도 몰라."

말하고 나니 정말 큰일이었다. 하지만 란희는 솔깃했다.

노을이 유학을 간다면……

"어? 그럼 나도 가겠네? 유학."

유학을 가면 자연히 비행기도 타게 될 것이다. 란희의 눈동자가 반짝거리자 노을이 재빨리 말을 덧붙였다.

"나 영어 못해."

"괜찮아. 내가 수학은 못해도 영어는 잘해. 국어, 영어 점수로 수학특성화중학교에 들어온 사람은 나밖에 없을걸?"

"모든 수업 내용을 나한테 통역해 줘야 할 텐데 괜찮겠어?"

란희는 빠르게 유학을 포기했다. 세계를 누비면서 노을의 뒤치다꺼리를 하고 싶지는 않았다.

"우리 그냥 한국에서 잘해 보자."

"그래!"

둘이 의기투합했을 때였다.

노크도 없이 방문이 열렸다. 유리수의 얼굴이 큼지막하게 박힌 파일케이스가 먼저 방 안으로 들어왔다. 이어 모습을 드러낸 사람은 아름이었다.

노을이 괜히 투덜거렸다.

"이제는 너도 그냥 들어오는 거냐?"

아름은 신경도 쓰지 않고 코트를 벗었다.

"무슨 일 있어? 기자들이 대문 앞을 틀어막고 있어. 노을이 친구냐고 물어보고, 나한테도 인터뷰하자고 달려들어서 무서웠어."

설명은 란희가 했다.

"어제 파랑이가 풀던 문제 있지. 그 수학 캠프 문제."

"응. 그게 왜?"

"노을이가 새로운 증명법을 찾았대. 피피한테 물어봐서."

"정말? 그럼 우리 수학 캠프에 갈 수 있겠네!"

상황을 제대로 파악하지 못한 아름이 한 손으로 입을 가리며 기뻐했다.

"그렇긴 한데 피피가 완전히 새로운 증명법을 만들어 낸 게 문제야."

"왜?"

아름이 고개를 갸웃했다.

"진또라이가 하루아침에 천재 소년이 됐거든. 뉴스 검색하면 줄줄이 나와."

"뭐? 그럼 어떻게 해? 일 커지는 거 아니야?"

"이미 커졌어. 오늘부터 노을이는 천재 코스프레를 할 거니까 너도 동참해."

아름의 얼굴에 갑자기 근심이 쌓였다.

"언제까지 그럴 수는 없잖아."

"수학 캠프 가는 건 허락하실 것 같으니까 일단 며칠 버티다가 튀자! 그사이에 연예인 열애설이 터지거나 무슨 사건 사고가 생기겠지. 그럼 곧 잠잠해질 거야."

란희가 말했다.

"그다음에는? 부모님이나 선생님들은 어쩌려고? 당장 개학하면 교장 선생님이 단독 면담을 하자고 하실지도 몰라."

아름의 현실적인 의견에 란희의 고민이 깊어졌다.

"음……. 일단 캠프에 가잖아. 산에서 굴렀다고 할까? 머리를 다쳐서 다시 바보 노을이 되는 거지."

둘의 얘기를 가만히 듣고 있던 노을이 소리쳤다.

"그걸 말이라고 해!"

란희가 뭐가 문제냐는 투로 대꾸했다.

"그럼? 뭐 다른 방법 있어?"

"없어."

"거봐."

노을은 란희의 제안을 진지하게 고민해 보기 시작했다.

'정말 그 방법뿐인가.'

다시 방문이 열렸다. 이번에도 노크는 없었다. 안으로 들어온 파랑이 코트를 벗으며 말했다.

"노을이 너 사고 쳤더라. 피피가 한 거지?"

파랑은 단번에 사건의 핵심을 짚었다. 노을이 새로운 증명법을 발견한 게 얼마나 큰 사건인지를 제대로 이해한 것이다.

노을이 웅얼거리듯 답했다.

"난 그냥 캠프에 가고 싶었어."

그랬다. 노을은 단지, 캠프에 가고 싶었을 뿐이다.

어쩐지 좌표평면 같은

콘서트장을 향해 걷는 아름의 발걸음은 어느 때보다 가벼웠다. 횡단보도 앞에 멈춰 선 아름은 리미트 콘서트 티켓에 코를 박은 채 킁킁거렸다.

"아아, 이 향기."

티켓에서 향기가 날 리 없다. 기껏해야 인쇄용 콩기름 냄새가 날 것이다. 그럼에도 아름의 표정은 꽃다발에 코를 묻은 것처럼 화사했다. 덕분에 티켓을 제공한 란희의 기분도 좋아졌다.

"그렇게 좋아?"

"그럼! 이번 콘서트는 티켓 발매 10분 만에 매진됐다고. 게다가 VIP석은 돈이 있어도 못 구하는 자리야. 이건 거의 기적이지. 오빠들 가족이나 소속사 대표 지인 정도는 되어야 구하는 자리라니까.”

“좋은 자리구나. VIP석이라고 쓰여 있기는 했는데, 좌석이 ‘제2사분면 구역 (-4, 15), (-3, 15)’라고 쓰여 있어서 감이 안 잡혔어.”

“좋은 정도가 아니야. 최고의 위치야. 첫 번째 줄이라고.”

“첫 번째 줄이라는 건 어떻게 아는 거야?”

“리미트 콘서트장의 좌석 배치는 원래 이런 식이야. 콘서트장에 들어가면 설명해 줄게. 직접 봐야 이해가 빠를 거야.”

“아무튼, 좋은 자리라 이거지?”

“그럼! 이번 콘서트 티켓이 3만 장 풀렸거든. 그중 리허설을 볼 수 있는 VIP 좌석은 900장밖에 없었어. 나도 예매하려고 대기 탔는데 사이트 터지는 바람에 예매 페이지 화면 구경도 못 했단 말야. 나중에 들어가 보니까 일반석까지 매진이더라.”

“그랬어?”

“게다가 이번 콘서트는 떡밥 대잔치래. 멤버별로 솔로 무대도 있고, 무리수 오빠는 어제 핑크색 후드티를 입었대. 미쳤나 봐. 핑크라니. 코디 언니한테 절해야 해. 핑크를 입혔어.”

란희는 핑크색 후드티를 입은 게 왜 그렇게 큰일인지 이해할 수 없었다. 하지만 덕질의 세계는 원래 이성적으로 돌아가지 않는다는 걸 알고 있었기에 입을 다물었다.

"넌 유리수 좋아하는 거 아니었어?"

"유리수 오빠가 내 남자니까, 무리수 오빠는 막내 도련님인 셈이지. 당연히 도련님도 소중해. 위험한 남자 유리수 오빠와는 또 다른 매력이 있기도 하고. 친절하고, 다정다감하고, 세상 착하잖아."

란희는 시커먼 마스크를 쓰고 있던 남자를 떠올리며 고개를 갸웃했다.

'별로 그래 보이지는 않았는데. 하긴, 고작 길 안내해 준 걸로 귀한 콘서트 티켓을 줬으니 착하긴 한 건가?'

한껏 냄새를 맡은 아름은 티켓을 다시 봉투에 담아 가방 속에 곱게 넣었다. 행여 사라지기라도 할까 봐 몇 번이나 확인하는 모습이었다.

"티켓은 어떻게 구한 거야? 정말 티켓값 안 줘도 돼?"

"응. 나도 선물로 받은 거니까."

"좋은 분이다. 그분 복 받으실 거야."

란희는 차마 티켓을 준 장본인이 무리수라는 말을 할 수가 없었다. 그랬다간 아름이가 유리수도 나타날지 모른다며 매일같이 골목길에서 잠복할 것만 같았다. 게다가 골목길로 간 이유라도 물어보면 파랑과 가연의 이야기까지 해야 할 것이다.

'둘은 사귀기로 한 걸까?'

파랑은 그날 이후로도 변함없이 노을이네 집에서 모여 노는데 동참했다. 여자 친구가 생겼다는 말은 없었다.

'그냥 물어볼… 아니야. 나 방금 또 질척거릴 뻔했어. 정신 차리자.'

때마침 횡단보도의 불이 초록색으로 바뀌었다. 란희는 씩씩하게 앞장섰다.

"어서 가자. 불 바뀌었다."

"응!"

아름이가 종종걸음으로 따라가며 말을 이었다.

"앞쪽 자리니까 오빠들 표정도 볼 수 있으려나?"

아름에게 이끌려 콘서트장에 도착한 란희는 처음 보는 광경에 입을 다물 수 없었다. 일찍 왔다고 생각했는데 이미 콘서트장 앞은 인산인해를 이루고 있었다.

"사람 진짜 많다."

"티켓 매진이니까. 우리 입구는 저쪽이다."

아름이 란희를 끌고 VIP 전용 출입구 쪽으로 움직였다. 둘이 전용 출입구에 도착하자, 일반석 출입구 앞에 줄지어 늘어선 팬들의 입에서 부러움 섞인 탄성이 흘러나왔다. 너무 격렬한 반응이라 란희는 팬도 아니면서 괜히 우쭐한 기분이 들었다.

VIP 티켓 소지자는 티켓 확인 과정만 기치면 기다리지 않고 바로 콘서트장 안으로 들어갈 수 있었다. 리허설하는 모습을 볼 수도 있었다.

콘서트장 안으로 들어온 란희가 생소한 광경에 주변을 두리번거릴 때였다.

"으으……"

아름이 가슴을 움켜쥐며 비틀거렸다. 깜짝 놀란 란희가 팔을 붙잡으며 부축했다.

"왜? 어디가 아파?"

"가슴이 따끔따끔해. 유리수 오빠가 지금 여기에 있겠지? 난 지금 같은 공기를 마시고 있는 거야."

란희는 재빨리 주위를 살폈다. 다행히 아름을 눈여겨보는 사람은 없었다.

"하아……. 왜 창피함은 항상 나의 몫일까."

노을이랑 있을 때 느끼는 창피함은 이제 익숙했다. 하지만 평소 얌전한 아름이까지 이럴 줄은 몰랐다.

그때 두 사람에게 고등학생쯤 되어 보이는 여자가 다가와서 물었다.

"팬클럽 회원이세요?"

아름이가 씩씩하게 답하며 휴대전화를 꺼냈다.

"네! 저 플래티넘 등급이에요."

팬클럽 애플리케이션으로 등급을 보여 주자 여자가 커다란 바구니에서 LED 응원봉을 비롯한 기념품을 꺼내 내밀었다.

"먼저 이거 받으시고요. 우리 아티스트를 위한 응원봉 이벤트가 준비되어 있다는 공지는 보셨죠?"

이번에도 아름이 대답했다.

"네!"

"좌석이 어디세요?"

"제2사분면 (-4, 15)랑 (-3, 15)요."

"그럼 메인 스테이지 스크린에 숫자 카운트다운이 시작되면요. 타이밍을 맞춰서 (-4, 15) 좌석만 응원봉을 켜 주시면 돼요."

"네! 하트 만드는 거죠?"

"네, 맞아요. 그럼 즐거운 시간 보내세요."

"감사합니다."

둘의 대화를 이해하지 못한 란희는 떨떠름하게 서 있을 수밖에 없었다. 응원봉을 건네준 여자가 멀어지자 아름에게 속삭이듯 말했다.

"공연장 진짜 크다. 여기가 다 사람들로 채워지는 거야?"

"이 좌석도 부족해. 내년엔 더 큰 공연장이 생기면 좋겠다."

"무대도 특이한 것 같아. 이렇게 무대가 좌석을 가로지르면 뒤쪽에 앉은 사람들도 잘 보이겠다."

"무리수 오빠가 첫 콘서트 때 제안한 방식이야. 반응이 좋아서 항상 무대를 이렇게 만들어."

"어쩐지 이거 꼭 좌표평면 같아."

"맞아. 가로로 연결된 x축 스테이지랑 세로로 연결된 y축 스

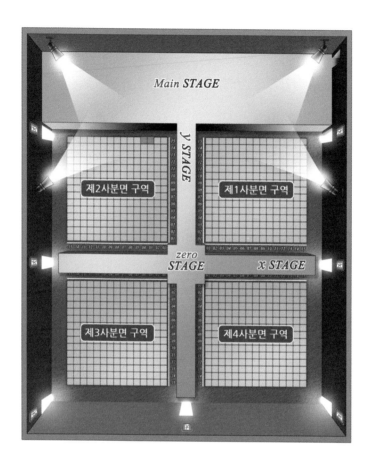

테이지가 만나는 무대 중앙이 (0, 0) 원점 스테이지거든. 무대와
객석을 하나의 평면으로 보고 구성한 거야."

아름의 설명을 듣고 보니 구조가 쉽게 이해되었다.

"무리수답네. 좌석 찾기도 쉽고 응원봉 이벤트 하기도 쉽겠어."

"어? 너도 드디어 리미트에 관심을 갖기 시작한 거야?"

아무리 영업해도 넘어오지 않던 란희가 관심을 보이자 아름이 반색했다.

"그렇다기보다는 그냥 신기해서. 제2사분면, 제3사분면 구역 사이의 출입구로 들어왔으니까 우리 자리는 이쪽이겠네."

좌표평면이라고 생각하니 란희도 쉽게 좌석 위치를 가늠할 수 있었다. (0, 0) 스테이지에서 위로 열다섯 줄 올라간 뒤 왼쪽으로 세 번째, 네 번째 좌석이 두 사람의 자리였다.

지정된 자리에 앉은 아름이가 감격한 듯이 양손을 볼에 가져다 댔다.

"자리 진짜 좋다. 정말 잘 보여."

아름이 뛸 듯이 기뻐하자, 란희도 기분이 좋아졌다.

둘은 공연이 시작되기를 기다렸다. 무대만 뚫어져라 바라보는 아름과 달리 란희는 금세 지루해졌다. 주변을 두리번거리다 보니 옆에 앉아 있는 여자애가 눈에 들어왔다. 정자세로 앉아 두 손을 무릎 위에 가지런히 올려놓은 모습이 이질적이었다.

동양 인형처럼 생긴 아이였는데, 새침하게 뜬 눈이 신비한 느낌을 주었다.

'혼자 왔나?'

그때였다. 메인 스테이지 뒤쪽에서 폭발하는 듯한 소리가 연달아 들렸다.

"뭐지?"

불안해진 란희가 벌떡 일어났다. 그러자 아름이 란희의 손을 잡아끌었다.

"무대 특수효과 체크하는 중일 거야."

"그런가?"

괜히 머쓱해진 란희는 조용히 자리에 앉았다. 하지만 예정된 시간이 한참 지나도 리허설은 시작되지 않았다. 숨죽이며 기다리던 관객들도 웅성거리기 시작했다. 아름도 뒤늦게 불안한 기색이었다.

"왜 시작을 안 하지?"

란희가 주변을 둘러보는데 관객 중 한 명이 울음을 터뜨렸다. 동요하던 관객 사이에서 누군가가 외쳤다.

"유리수 오빠가 다쳤대. 콘서트장 밖에서 기다리던 애들 전부 돌려보내고 있대."

한차례 소란이 일었고 곳곳에서 울음이 터지기 시작했다. 란희는 팬들의 모습을 보고 질렸다는 듯한 얼굴을 했다.

'누가 보면 남자 친구가 다친 줄 알겠네.'

아니, 남자 친구가 다쳤다고 해도 저 정도로 울지는 않을 것 같았다.

"이해할 수가 없……."

란희는 말을 끝맺지 못했다. 아름의 눈에서도 눈물이 뚝뚝 흘러내리고 있었다.

"우… 우냐?"

무대 위로 공연 스태프들이 뛰어 올라왔다. 그중 한 명이 무대 위에 세팅된 마이크를 잡고 말했다.

"안내 말씀 드립니다. 내부 사정에 의해 오늘 콘서트는 취소되었습니다. 고개 숙여 죄송하다는 말씀 드리며, 정식 보도자료를 통해 상황을 설명하도록 하겠습니다."

관중석이 더 크게 술렁였다.

"정말 유리수 오빠가 다쳤어요?"

란희의 옆에 앉아 있던 여자애가 물었지만, 스태프는 자신이 해야 할 말만 늘어놓았다.

"관람 티켓은 전액 환불받으실 수 있습니다. 콘서트를 기다려 주신 관객분들을 위해 한정판 리미트 피규어를 선물로 드리고 있으니 질서 있게 티켓박스로 이동해 주시길 바랍니다. 그럼 퇴장 안내하겠습니다. 제2사분면 y좌표가 8에서 15까지인 분들부터 왼쪽 비상구로 나가겠습니다. y좌표가 15인 맨 첫 줄부터 한 줄씩 차례대로 일어나 주세요. 한 명씩 질서 있게 퇴장해 주시기 바랍니다."

일부 팬들은 안내를 돕기 위해 나온 스태프를 붙잡고 어떻게 된 거냐고 따져 물었다. 하지만 아무도 속 시원히 답해 주지 않았다.

"순서대로 퇴장해 주세요!"

그들은 단지 빠른 퇴장만을 요구할 뿐이었다.

"우리 줄부터 퇴장이야."

란희가 말했지만, 아름은 계속 울고 있었다.

"난 나빠."

"네가 왜 나빠?"

"오빠가 다쳤다는데, 콘서트를 볼 수 없다는 게 더 속상했어."

그게 정상 아니냐고 말하려던 란희는 입을 꾹 다물었다. 흉흉한 분위기라 잘못 말하면 사방에서 칼날이 날아올 것만 같았다.

"일단 나가자. 한정판 피규어 준다잖아."

"…응."

아름이 훌쩍이며 자리에서 일어났다. 란희는 비상 통로를 통해 밖으로 나가며 무언가 이상하다는 느낌을 받았다.

'스태프들이 왜 이리 긴장하고 있지?'

콘서트 취소 여파로 소동을 피우는 이들이 있을까 걱정하는 것일 수도 있었다. 하지만 조금 다른 느낌이었다.

초조해 보인달까.

란희의 불안이 점점 더 커졌다. 어쩐지 메인 스테이지 뒤쪽에서 들렸던 폭발음과 무관하지 않은 것 같은 느낌이 들었다.

'무슨 일이 있는 게 분명해.'

란희의 예상을 확인시켜 주기라도 하듯이 출구 밖에는 경찰이 몰려와 있었다. 그것도 일반 경찰이 아닌 경찰특공대였다.

안내를 따라 티켓박스에 도착한 아름과 란희는 티켓을 보여 주고 계좌 번호를 적었다. 선물 포장된 상자 두 개를 받을 수 있었다. 선물 상자를 하나씩 품에 안은 둘은 자연스럽게 지하철역 방향으로 걸음을 옮겼다.

침울해진 아름의 눈치를 살피던 란희는 무심코 뒤를 돌아보았다. 경찰특공대가 둘러싼 콘서트장이 으스스하게 느껴졌다.

수상한 토대장

"흐아아암."

노을은 늘어지게 하품을 했다. 모처럼 공부를 하려니 온몸이 근질거렸다. 옆에서 문제집을 풀고 있던 파랑이 고개를 들었다.

"다 외웠어?"

"아니. 반도 못 외웠어."

노을의 앞에는 세 권의 노트가 놓여 있었다. 파랑이 핵심만 요약해 정리한 중학교 2~3학년 수학 과정이었다. 반복해서 읽어도 이해가 가지 않아 통째로 외우는 중이었다.

"어? 문자 또 왔네."

그러는 동안에도 노을의 휴대전화는 바쁘게 울어 댔다. 같은 초등학교를 나온 친구부터 한동안 연락이 끊겼던 친구까지 메시지를 보내오는 이도 다양했다.

'번호는 어떻게 알아낸 거야?'

모두 자초한 일이긴 했다. 아직 대문 밖에도 몇몇 기자들이 진을 치고 있었다.

그사이 또 새로운 문자가 도착했다.

– 수학 캠프에 내가 같이 가 줄게. 란희 같은 애는 별 도움이 안 되잖아. 고마워하지는 않아도 돼.

노을의 표정이 와락 일그러지자 파랑이 물었다.

"왜? 누군데?"

"지석이."

파랑의 얼굴에도 불편한 감정이 어렸다.

"또 시비 거는 거야?"

"란희는 수학 캠프에 가도 별 도움이 안 될 거라고 자기가 대신 가 주겠대. 고마워하지는 않아도 된대."

파랑은 할 말을 잃었다.

"무슨 그런……."

"머릿속이 궁금하다. 들어가 보고 싶어."

"란희가 보면 기분 나빠할 거야."

"그렇겠지? 증거 인멸해 버리자."

노을은 답장을 보내고, 주고받은 대화 내용을 삭제했다.

"보내고 나니까 괜히 더 열받네. 더 심하게 말해 줄걸."

"뭐라고 했는데?"

"필요 없으니까 꺼지라고."

파랑의 입가에 미소가 걸렸다.

"충분한 것 같은데."

길길이 날뛰는 지석의 모습이 상상되었다.

"그러려나."

그때 방문이 열리고 커다란 선물 상자를 든 란희가 들어왔다.

"뭐 하고 있어?"

뒤따라 들어온 아름의 품에도 같은 상자가 들려 있었다. 뜬금 없는 등장에 노을이 시간을 확인했다.

"어? 왜 벌써 와? 콘서트는?"

"그게… 취소됐어."

란희는 더 묻지 말라는 듯이 눈을 찡긋거렸다. 눈짓을 따라가 보니 아름이가 곧 울음을 터뜨릴 것 같은 모습으로 서 있었다. 선물 상자를 내려놓은 란희가 재차 물었다.

"뭐 하고 있었냐니까. 무슨 일 있었어?"

"아아. 아니야, 아무것도."

노을은 얼버무리며 두 번째 노트를 펼쳤다. 란희가 의심 어린 목소리로 물었다.

"설마, 공부하고 있었어?"

"수학 캠프 초대장이 왔거든."

노을이 란희에게 초대장을 건넸다.

피타고라스 수학 캠프에 초대합니다.

집결 일시 및 장소 : 1월 18일 월요일 오후 2시 Y대학교 강당

수학특성화중학교 1학년 **진노을** 군

＊본 초대장으로 최대 네 명(만 15세 이하)까지 참가할 수 있습니다.

란희는 초대장에 박힌 문양이 낯익게 느껴졌다.

'어디서 본 것 같은데.'

고개를 갸웃거리던 란희는 캠프에 참가할 수 있다는 사실에
들뜬 나머지 생각을 멈췄다.

"바로 다음 주 월요일이네. 얼른 짐 싸야겠다. 너, 허락은 확실히 받았지?"

"그래서 지금 이렇게 공부 중이잖아."

"캠프랑 공부랑 무슨 상관이야?"

"분명 나한테 이것저것 물어볼 게 분명하잖아. 그래서 2~3학년 수학 과정을 통째로 외우는 중."

노을이 손가락 두 개로 브이 자를 만들었다. 란희는 그런 노을이 미덥지 않아서 눈을 흘겼다.

"그 전에, 피타고라스 증명법은 다 외웠어?"

"뭐 대충은. 그런데 그보다 더 큰 문제가 있어."

"또 뭐가 문젠데?"

"파랑이가 초대장을 못 받았어."

란희의 눈이 휘둥그레졌다.

"파랑이가?"

수학특성화중학교에서도 1등을 놓쳐 본 적 없는 파랑이었다.

"캠프 안에 파랑이 같은 애들이 득실거릴 수 있다는 얘기지."

그렇게 말한 노을은 다시 노트로 시선을 돌렸다. 이렇게 된 이상 최대한 외워 가는 수밖에는 없었다.

하지만 노트를 보자마자 바로 눈앞이 캄캄해졌다.

"아, 무슨 말인지 하나도 모르겠어."

파랑이 문제집을 덮으며 물었다.

"뭐가 제일 어려운데?"

"이차방정식."

"$ax^2 + bx + c = 0$과 같이 x에 대한 이차식의 꼴로 나타내어지는 방정식을 이차방정식이라고 하는 거야."

"그건 알아. $x^2 - 2x = 0$ 같은 방정식을 말하는 거잖아."

"맞아."

"그런데 이걸 어떻게 풀어? 결국에는 이 방정식을 성립시키는 x의 값을 찾아야 하잖아."

"그 x의 값을 '해' 또는 '근'이라고 해."

"아무튼."

"이차방정식을 푸는 방법은 많아. 우선 먼저 해 봐야 할 것은 인수분해가 되는지 확인하는 거야."

"인수분해? 식을 곱으로 나타내는 거?"

"맞아. 이차방정식 $x^2 - 2x = 0$의 좌변 $x^2 - 2x$를 인수분해해 보는 거야. 두 항 x^2, $-2x$에 공통으로 곱해져 있는 x를 괄호 밖으로 묶어 내면 $x^2 - 2x$를 $x(x-2)$와 같이 곱으로 나타낼 수 있어."

"인수분해를 한 다음에는?"

노을의 질문이 길어지자, 파랑은 노트에 적으며 설명을 이어 갔다.

"이차방정식 $x^2 - 2x = 0$은 $x(x-2) = 0$으로 인수분해할 수 있어. 그럼 $x(x-2)$가 0이 되려면 $x = 0$이거나 $x - 2 = 0$이어야 한

다는 걸 알 수 있게 되지."

"아아, 그래서 이차방정식 $x^2 - 2x = 0$을 풀면 해가 $x = 0$ 또는 $x = 2$가 되는 거구나."

둘의 대화를 옆에서 가만히 듣고 있던 란희가 끼어들었다.

"이거 우리가 배운 건 아니지? 나도 2학년 선행 학습은 조금 했는데, 왜 이렇게 새롭지?"

"3학년 과정이야."

란희는 다행이라고 생각하며 안도의 한숨을 내쉬었다. 그새 까먹은 것이라면 절망적이었다.

노을이 의문을 제시했다.

"근데 이차방정식까지 알아야 할까?"

란희가 답했다.

"참가 자격이 만 15세까지잖아. 그럼 중3도 오겠지? 수고염."

란희가 상황을 깔끔하게 정리했고, 노을은 다시 노트에 코를 박았다. 아름의 옆에 나란히 앉은 란희가 다소 과장된 목소리로 말했다.

"우린 선물 상자나 풀어 보자. 기대된다."

상자를 끌어안은 란희는 거침없이 리본을 풀어 헤쳤다. 안에는 피규어와 공식 앨범 외에도 실리콘 밴드 등의 굿즈가 들어 있었다. 란희는 피규어 박스를 높이 들어 올렸다.

"유리수네."

이차방정식의 다른 풀이법

1) '제곱근'을 이용하는 방법

$x^2 - 5 = 0$과 같은 $ax^2 + c = 0$ 꼴의 이차방정식은 우선 좌변의 c를 우변으로 이항한다. $x^2 - 5 = 0$에서 -5를 이항하면 $x^2 = 5$가 된다. 이때 x는 제곱해서 5가 되는 수, 즉 5의 제곱근을 뜻하므로 이 이차방정식의 해는 $x = \sqrt{5}$ 또는 $x = -\sqrt{5}$이다. 이를 간단히 $x = \pm\sqrt{5}$로 나타내기도 한다.

2) 이차방정식의 '근의 공식'을 이용하는 방법

이차방정식 $ax^2 + bx + c = 0$의 근은 $x = \dfrac{-b \pm \sqrt{b^2 - 4ac}}{2a}$ 라는 공식을 이용하여 구할 수 있다. 이를 이차방정식의 근의 공식이라 한다. $x^2 - 3x - 2 = 0$과 같이 좌변을 인수분해하기 쉽지 않을 때에는 근의 공식에 a = 1, b = -3, c = -2를 대입하여

$$x = \frac{-b \pm \sqrt{b^2 - 4ac}}{2a} = \frac{-(-3) \pm \sqrt{(-3)^2 - 4 \times 1 \times (-2)}}{2 \times 1}$$

$$= \frac{3 \pm \sqrt{9 + 8}}{2} = \frac{3 \pm \sqrt{17}}{2} \text{ 로 풀 수 있다.}$$

유리수의 피규어가 등장하자, 침울해 있던 아름이 관심을 보였다.

"유, 유리수 나왔어?"

"응."

란희가 인터넷을 통해 팔면 얼마나 받을 수 있을지 고민하는 동안 아름이도 의욕적으로 제 상자를 가져왔다.

"내 것도 풀어 봐야지. 후아."

하지만 아름은 상자를 풀지 않았다. 리본을 붙잡은 채 정지 화면처럼 멈춰 버린 것이다.

"뭐 해?"

란희가 묻자, 아름의 눈동자가 거세게 흔들렸다.

"긴장돼. 유리수 오빠가 안 나오면 어쩌지?"

아니나 다를까 풀어낸 상자 안에는 무리수 피규어가 들어 있었다. 급격하게 실망하는 아름을 보며 란희는 제 손에 들린 유리수 피규어를 내밀었다.

"이거 너 가져."

"저, 정말? 나 가져도 돼?"

"응."

"그럼 무리수 줄게."

한쪽에서 조용히 두 사람의 얘기를 듣고 있던 노을은 문득 콘서트가 왜 취소된 건지 궁금해졌다. 노을은 피피 아이콘을 터치했다.

"피피. 오늘 리미트 콘서트는 왜 취소된 거야?"

"테러가 일어났어."

"또?"

노을이 인상을 썼다. 이대로면 수학 캠프는커녕 영영 집 안에 감금될지도 모르겠다는 불길한 예감이 들었다.

그런데 노을보다 더 놀란 사람이 있었다.

"테러……?"

놀란 아름이 휴대전화로 기사를 찾아봤지만 아무런 정보도 없었다. 검색되는 거라고는 유리수가 부상당했다는 보도자료뿐이었다.

아름이가 목소리를 높여 물었다.

"피피야. 더 자세히 말해 줘."

피피는 TV 화면에 보고서 한 장을 띄웠다. 오후 3시경 작은 폭발이 있었고, 폭발물로 의심되는 상자가 다수 발견되어 콘서트가 중단되었다는 내용의 보고서였다.

보고서를 읽던 란희가 기겁했다. 어느새 팔에 소름이 오소소 돋아 있었다.

"우리 죽을 뻔한 거야?"

사람이 많이 모여 있는 콘서트장에서 테러가 일어난다면 대형 참사로 이어질 수밖에 없다.

노을도 미간을 좁혔다.

"요즘 왜 이렇게 테러가 많이 일어나지?"

피피는 보고서 다음 장을 보여 주었다.

남성 아이돌 그룹 리미트의 멤버인 유리수가 부상을 당해 응급실로 옮겨졌다는 부분까지 읽은 아름은 눈물을 뚝뚝 흘리기 시작했다. 아름이 코를 풀고 눈물을 훔치는 동안 피피는 TV 화면에서 슬쩍 보고서를 치웠다.

때마침 노을의 휴대전화가 울렸다.

액정을 확인해 보니 '류건 샘'이라는 글자가 떠 있었다. 노을은 반가운 마음을 담아 발랄한 목소리로 전화를 받았다.

"샘, 안녕하세요."

'샘'이라는 말에 아이들의 시선이 모였다. 노을에게 직접 전화할 '샘'은 류건뿐이었다. 아이들의 반응에 노을은 스피커폰 모드로 전환했다.

류건의 목소리가 흘러나왔다.

"잘 지냈어?"

"네. 샘은요?"

"바쁘지. 지난번에 해킹 단체 잡아 준 건 고맙다."

"피피가 한 건데요, 뭐."

"그보다 너, 그 증명법 피피지?"

"…네에."

노을은 대번에 풀이 죽었다. 파랑뿐만 아니라 류건도 단번에 진실을 눈치챈 것이다.

"피피 들키면 내가 다시 데려올 거다."

류건의 선언에 노을이 질색했다.

"아뇨! 아뇨! 안 들킬게요."

"피피가 알려져서는 안 된다는 거 알지? 제로 일당도 모두 붙잡힌 게 아니야. 여차하면 내가 나설 테니까 그렇게 알아."

"네! 명심하겠습니다."

"믿어도 되지?"

노을은 곧바로 말을 돌렸다.

"샘. 그런데 오늘 리미트 콘서트장에서 테러 일어난 거 아세요?"

휴대전화 너머에서 작은 한숨 소리가 들려왔다.

"그건 또 어떻게 알았어?"

"아름이랑 란희가 그 콘서트장 갔었거든요. 무슨 일로 취소된 건지 궁금해서 피피한테 물어봤어요. 그런데 진짜 폭발물이 있었어요?"

"있었어. 지금 성분 분석 중이야. 안 그래도 그것 때문에 연락했다. 피피한테 확인해 보고 싶은 게 있어. 비밀 엄수해야 하는 건 알지?"

"넵! 알고 있어요."

"몇몇 테러 장소에서 범인이 남긴 것으로 추정되는 숫자가 발견되고 있어. 지금까지 총 다섯 개의 숫자가 발견됐고, 숫자가 발견된 테러는 동일범이나 동일 단체의 소행일 거라고 보고 있어."

"설마, 콘서트장에서도 숫자가 나왔어요?"

"나왔어."

"피피가 뭘 도와줘야 하는 거죠?"

"숫자를 가지고 다음 테러를 예측할 수 있을 것 같다는 의견이 많아. 그런데 아직 아무도 풀지 못했어. 피피가 한번 봐 줬으면 하는데, 지금 나올 수 있니?"

"샘, 저 테러 때문에 외출 금지예요."

"그럼 메일 확인해 봐. 데이터를 보낼 테니까."

"넵."

"피피 들키지 않게 조심하고."

"넵!"

통화를 종료한 노을은 가슴을 쓸어내렸다. 피피를 데려가겠다고 말할 줄은 몰랐다. 앞으로는 더 조심해야 할 것 같았다.

바로 도착한 메일에는 테러에 대한 내용이 일목요연하게 정리되어 있었다.

노을이 중얼거렸다.

"이런 건 뉴스에도 안 나왔는데……."

문서를 함께 확인한 란희와 아름도 각각 의견을 내놓았다.

첫 번째 테러
1월 1일
- 국가 : 이탈리아 로마에 있는 바티칸 시국
- 장소 : 시스티나 성당
- 시간 : 현지 시각 오전 5시, 새벽 미사 중 테러 발생
- 현장에 남겨 놓은 숫자 : 4

두 번째 테러
1월 2일
- 국가 : 대한민국
- 장소 : 판문점
- 시간 : 현지 시각 오후 2시
- 현장에 남겨 놓은 숫자 : 13

  *테러 현장에서 '모든 것의 파괴는 새로운 시작을 의미한다'라는
  메시지가 발견됨. 메시지는 건물 벽면에 수성 래커 스프레이를
  이용해서 작성.

세 번째 테러
1월 4일
- 국가 : 독일
- 장소 : 베를린 장벽 일대
- 시간 : 현지 시각 오후 2시
- 현장에 남겨 놓은 숫자 : 16

네 번째 테러
1월 8일
- 국가 : 터키
- 장소 : 이슬람 과학기술역사 박물관 특별 전시장
- 시간 : 현지 시각 오후 11시
- 현장에 남겨 놓은 숫자 : 25

다섯 번째 테러
1월 12일
- 국가 : 대한민국
- 장소 : 서울 고척 스카이돔 경기장
- 시간 : 현지 시각 오후 3시
- 현장에 남겨 놓은 숫자 : 13

  *폭발한 1개의 상자를 포함 총 13개의 폭발 의심물 발견.
  *테러 현장에서 '모든 것의 파괴는 새로운 시작을 의미한다'라는
  메시지가 발견됨. 메시지는 카드에 담긴 채 상자와 함께 배달됨.

"응. 나도 처음 봐. '모든 것의 파괴는 새로운 시작을 의미한다' 라……. 이 메시지는 다 부숴 버리겠다는 의미인 건가?"

"어쩐지 다섯 번으로 안 끝날 것 같아."

노을이 피피에게 물었다.

"피피, 이걸로 다음 테러를 예측할 수 있겠어?"

"아니. 규칙성을 찾을 수가 없어."

"네가 모르면 아무도 모르는 거겠지?"

"그럼. 난 완벽하니까."

피피의 대답에 모두 실망했다. 노을이 다시 피피에게 말했다.

"혹시 나중에라도 알게 되면 나나 류건 샘에게 말해 줘."

"알겠어."

노을은 한동안 이메일 문서를 들여다보다가 다시 노트로 시선을 돌렸다. 류건의 말을 떠올리며, 절대로 피피의 존재를 들키지 않겠다고 다짐했다.

3장

수상한 수학 캠프

'그' 진노을

대학 캠퍼스 안을 지나는 사람들의 시선이 노을과 란희에게
닿았다가 흩어졌다.

"우아! 대학교 처음 와 봐. 진짜 넓다. 우리 학교 백 배는 되는
거 아니야?"

대학교 안을 누비는 중학생은 눈에 띄었다. 노을이 시끄럽게
굴어서 더욱 그랬다. 창피함은 온통 란희의 몫이 되었다.

"우아! 학교 안에 버스도 다녀!"

부산스럽게 걷던 노을이 뒤를 돌아보았다. 옆에 있을 줄 알았
던 란희가 열 걸음 정도 떨어져 있었다.

"왜 이렇게 늦게 와?"

란희는 어금니를 꽉 깨물었다.

"창피해서 그런다. 왜."

"그러게 왜 그렇게 짐을 많이 싸 왔어?"

노을은 몇몇 소지품만 간단히 챙겨 왔지만, 란희는 육중한 몸집의 여행용 가방을 끌고 있었다. 노을이 혀를 쯧쯧 차더니 란희의 여행용 가방을 빼앗듯이 가져갔다.

란희가 소리쳤다.

"짐이 많아서 창피한 게 아니거든!"

"그럼?"

"됐어. 말을 말자. 강당은 그쪽이 아니고 이쪽이야."

손이 가벼워진 란희는 창피함을 감수하기로 했다. 대신 표지판을 확인하고 재빨리 노을을 이끌었다.

강당 문은 활짝 열려 있었다. 실내에는 캠프에 참가하기 위해 온 아이들을 제외하고 아무도 없는 것 같았다. 안내를 해 주는 사람은 물론이고 관계자처럼 보이는 어른조차 보이지 않았다.

란희가 시간을 확인했다.

"우리가 너무 빨리 왔나 봐."

"네가 새벽부터 보챘잖아."

노을이 피곤하다는 듯이 여행용 가방을 눕혀 놓고 그 위에 앉았다. 팔짱을 끼고 강당 안을 둘러보니 벽에 붙은 현수막이 눈에 들어왔다. 정사각형 모양의 커다란 현수막에 의미를 알 수 없는 도형이 인쇄되어 있었다.

"저 별 모양, 초대장에 있던 문양인데. 여기가 맞는 것 같아."

노을이 말했다. 란희도 현수막을 확인한 뒤 호기심 어린 눈으로 주변을 둘러보았다. 두리번거리던 란희는 바로 인상을 구겼다. 강당 한쪽에 모인 아이들 중 아는 얼굴이 있었다.

"저 자식은 왜 여기 있어?"

스마트폰을 꺼내 만지작거리던 노을도 뒤늦게 란희가 말한 상대를 발견했다. 허세에 찌든 모습의 지석이었다.

지석이 큰 소리로 웃는 걸 지켜보던 란희가 과장된 어조로 말했다.

"어휴. 벌써 재미없어지려고 하네."

노을은 기분 나빴던 문자를 떠올렸다.

"어떻게 온 거지? 분명 나한테 데려가 달라고 했었는데."

"쟤가? 수학 캠프에?"

"응. 그래서 꺼지라고 해 줬지."

"또 누구한테 빌붙어 왔나 보지. 똘마니도 데려왔네."

지석의 옆에는 찬기도 있었다. 수학특성화중학교에서 지석과 함께 사사건건 파랑에게 시비를 걸던 아이였다.

"태수는 같이 안 왔나 보네."

란희가 그 이유를 설명해 주었다.

"태수는 유럽 여행 갔어. 지금은 스위스고 다음 주에는 프랑스로 넘어간대."

고개를 끄덕이던 노을이 란희를 탐색하듯 살폈다.

"파랑이랑은 잘 안 되는 거냐? 진도가 안 나가?"

돌연 정색한 란희가 목소리를 높였다.

"무슨 진도! 우리 그런 사이 아니거든?"

"아니면 말지 뭘 정색을 하고 그래?"

"아.니.라.고."

또박또박 힘주어 말하는 투라서 더 이상하다는 걸 모르는 란희였다.

"한 번만 더 나랑 파랑이 엮으면 지옥이 뭔지 보여 주겠어."

"그래. 알았어, 알았어. 아니면 말지 되게 민감하게 구네. 더 놀리고 싶게."

때마침 몸집만 한 배낭을 멘 아름이 도착했다. 끄응차 하는 소리와 함께 배낭을 바닥에 내려놓은 아름이 두 사람을 돌아보았다.

"너희는 여기서도 싸우는 거야?"

노을이 배시시 웃었다.

"오늘은 아직 안 맞았어. 얘는 애가 너무 폭력적이야. 파랑이가 그래서 안 좋아하……."

말을 마치기가 무섭게 란희가 손을 들어 올렸다. 노을이 벌떡 일어나서 도망쳤지만 란희의 손이 먼저 등을 강타했다.

노을이 낮게 비명을 질렀다.

"아프잖아!"

덕분에 강당 안 아이들의 시선이 전부 노을에게 쏠렸다가 흩어졌다.

"창피해. 조용히 좀 해."

"아프거든? 너 진짜 손 맵거든?"

"한 대 더 맞을래?"

아름은 익숙한 듯 둘을 말리지도 않고 고개만 저었다.

'애들은 싸우면서 크는 거지.'

아름은 주머니를 더듬어 휴대전화를 꺼냈다. 한동안 검색에 열중하던 아름은 심각한 얼굴로 노을이 앉아 있던 여행용 가방에 걸터앉았다. 그런 뒤 가방 위에 놓여 있던 노을의 휴대전화를 집어 들었다. 피피 아이콘을 터치하자 휴대전화에서 목소리가 흘러나왔다.

"안녕, 아름."

"안녕, 피피야. 리미트 멤버 관련 정보를 얻을 수 있을까? 오빠들 이번 주 일정이 모두 취소됐다는데 검색에 안 잡혀서."

"테러 때문이야. 추가 위협이 있었어."

'추가 위협'이라는 말에 아름의 눈꺼풀이 파르르 떨렸다.

"뭐? 위험한 거야? 우리 오빠들 어떻게 해……."

"아직 추가 피해는 없어."

"설마 이란에서 일어난 테러 때문이야?"

아름의 말처럼 지난 토요일 이란 서부 지역에서 또 한 번의 테러가 있었다. 이번에는 100명이 넘는 사망자가 발생했다. 게다가 테러범이 남긴 숫자들이 언론에 공개되면서 전 세계적으로 공포가 확산되었다.

피피가 말했다.

"다른 테러와 달리 리미트 콘서트장 테러는 실패로 돌아가서 사상자가 적었어. 발견된 열세 개의 상자 중에서 하나만 터졌잖아. 그래서 다시 테러를 시도할지도 모른다는 전문가의 분석이 있었어. 대비 차원에서 리미트의 일정이 한 달간 모두 취소됐을 뿐이야. 아름이가 좋아하는 유리수라는 멤버도 크게 다친 건 아니야. VIP 병실에 입원해 있지만, 다쳐서라기보다는 안정을 위해

서래."

"정말? 다행이다. 그래……. 오빠들의 안전은 중요하지."

아름의 얼굴에 안도와 실망이 교차했다.

"또 궁금한 거 있어?"

"아니. 고마워."

그사이 노을의 항복을 받아 낸 란희가 아름의 앞으로 불쑥 머리를 들이밀었다.

"또 누가 다쳤대?"

"그건 아니래."

곧 파랑이 나타났다. 파랑은 학교에서 메고 다니던 책가방 하나만 가지고 있었다.

"늦은 건 아니지?"

"응. 딱 맞춰 왔네. 짐은 그게 다야?"

시간을 확인한 노을이 물었다.

"응. 그보다 이상한데."

파랑이 주변을 둘러보며 말하자 노을이 되물었다.

"뭐가?"

"캠프 운영팀이나 인솔자로 보이는 사람이 없어서. 안내도 없고."

"응. 아까 도착했을 때부터 아이들밖에 없었어."

노을은 대수롭지 않게 말했지만, 란희는 파랑의 말이 괜히 신경 쓰였다.

"설마 캠프가 취소되거나 하는 건 아니겠지?"

"뭐? 안 돼! 절대 안 돼!"

노을이 팔을 휘두르며 질색을 하는데 갑자기 주변이 웅성거리기 시작했다.

소란은 강당 밖에서 시작되었다. 곧이어 입구로 한 남자가 걸어 들어왔다. 남자의 얼굴을 확인한 란희가 입을 헤 벌렸고, 아름은 그대로 굳어 버렸다.

"리미트잖아."

"무리수다."

"어쩐 일이지?"

주변에서 들리는 탄성에 노을도 관심을 가지고 바라봤다.

"무리수라고? 아이돌이 왜 여기에 있어?"

노을은 아름을 돌아보았다. 아름이라면 무리수가 나타난 이유를 알 것 같았다.

"맙소사! 정말 무리수 오빠야. 내가 꿈을 꾸는 걸까?"

영문을 모르는 건 아름도 마찬가지였다. 리미트의 스케줄을 줄줄이 꿰고 있는 아름도 눈앞에 무리수가 나타난 이 상황을 이해할 수 없었다.

혼이 빠져나간 아름을 지켜보며 란희가 대꾸했다.

"공연 같은 거라도 하려나? 넌 왜 숨어? 달려가서 사인을 받아야지."

아름은 란희의 등 뒤로 몸을 숨기며 눈만 내놓았다.

"아니야. 이렇게 한 공간에 있는 것만으로도 황송해."

그 순간, 무리수와 란희의 눈이 마주쳤다. 란희는 괜히 긴장이 되었다. 슬쩍 시선을 피해 봤지만, 란희를 발견한 무리수가 싱긋 웃으며 다가와 아는 체를 했다.

"여기서 소녀를 다 보네."

무리수가 란희에게 말을 걸자 더 큰 술렁임이 일었다. 아름의 눈이 튀어나올 것처럼 커졌다.

"란희라니까요."

"그래. 란희. 뒤에 있는 소녀는 팬인가 봐?"

무리수가 아름을 발견하고는 해사하게 웃었다. 아름은 손으로 입을 틀어막은 채 삐끔거렸다.

"네, 팬이에요. 근데 얘는 유리수 오빠 좋아해요."

혼이 집을 나간 아름을 대신해서 란희가 답했다.

"그래? 아쉽네. 하지만 나도 좋아하는 것 같은데. 아닌가? 유리수 형만 좋아하나?"

숨이 꼴깍 넘어갈 듯한 아름이 가슴을 부여잡은 채 대답했다.

"좋아하죠! 막내 도련님!"

"난 도련님이야? 분발해야겠네."

무리수가 영업용 미소를 짓자 아름은 한 번 더 가슴을 부여잡았다.

입가에 미소를 머금은 무리수가 란희를 돌아봤다.

"콘서트 못 봤겠다, 취소돼서."

"테러였다면서요?"

"자세한 사항은 비밀."

"그런데 여기는 왜 왔어요?"

"아, 여기……. 왜 왔겠어. 캠프 참가하려고 왔지."

란희의 얼굴에 의구심이 떠올랐다. 리미트 멤버 중 막내인 무리수가 중학생이라는 건 알고 있었다. 하지만 한두 시간밖에 못 자다던 사람이 캠프에 참가한다는 게 이상했다.

"이 캠프 2주짜리인데요."

"테러 때문에 일정이 모두 취소됐거든. 그래서 도망 왔어. 소속사에서도 좀 피해 있으라고 하더라고. 여긴 딱 좋잖아. 언론과 안티팬, 사생팬으로부터의 자유랄까."

"그럼 2주 동안 우리랑 같이 수학 캠프에 참가하는 거예요?"

"응."

란희의 등 뒤에서 한 번 더 숨넘어가는 소리가 들렸다. 무리수의 시선이 아름을 지나 파랑과 노을에게 닿았다.

"친구들이야?"

"네. 뭐 그렇네요."

무리수의 시선이 파랑에게 한 번, 노을에게 한 번 머물렀다가 다시 파랑의 앞에 가서 멈췄다.

"이쪽이야? 아니면 이쪽이야?"

주어 없는 물음이었지만, 란희의 얼굴이 새빨개졌다. 무리수를 골목에서 만났을 때 주절주절거렸던 게 실수였다.

란희는 대뜸 무리수의 옷자락을 끌어당겼다.

"조용히 해요. 안티팬 늘리고 싶어요? 2주 동안 신명 나게 시달려 볼래요?"

무리수는 큰 소리로 웃음을 터뜨렸다. 아름은 한 번 더 가슴을 부여잡아야 했다.

"친구들이나 좀 소개시켜 줘."

란희가 짧게 한숨을 내쉬고 아이들을 소개했다.

"내 뒤에 숨은 애는 아름이에요."

"아, 안녕하세요오……."

아름의 목소리는 기어들어 갔다.

"이쪽은 파랑이."

파랑은 고개만 살짝 숙이며 인사했다. 그러자 무리수의 한쪽 입꼬리가 올라갔다.

"갯벌이구나?"

눈을 부릅뜬 란희가 재빨리 노을을 지목했다.

"얘는 노을이에요. 우린 이렇게 넷이 왔어요."

노을도 꾸벅 인사했다. 그러자 무리수의 시선이 노을에게 고정

됐다.

"네가 '그' 진노을이야?"

"네?"

"기사에서 봤어."

"아, 그러셨구나. 네. 제가 '그' 진노을입니다."

노을이 배시시 웃었다. 유명 아이돌이 아는 체를 하니 괜히 으쓱해진 것이다.

"어떻게 그런 증명을 생각해 낸 거야? 이해가 잘 안 가는 부분이 있었는데, 설명 좀 해 줄래?"

"아, 그⋯ 그게⋯⋯."

갑작스러운 질문에 노을은 말문이 막혔다. 그 사이를 란희가 잽싸게 치고 들어왔다.

"수학 좋아하시나 봐요? 초대장은 오빠가 받은 거예요?"

"내가 오빠야?"

"네. 우리는 전부 열넷, 아니 이제 열다섯이 됐거든요."

화제 전환에 성공한 란희가 배시시 웃었다.

"그렇구나. 초대장은 내가 받았어. 운이 좋았던 것 같아."

란희가 재빨리 후속 질문을 던졌다.

"누구 데려왔어요? 다른 리미트 멤버면 아름이가 정말 좋아할 텐데."

"미안하지만 혼자 왔어. 멤버 형들은 나이 제한에 걸리거든.

그럼 소녀는 노을이 친구가 데려온 건가 보네."

"맞아요. 그리고 소녀 아니고 란희."

"알았어. 란희."

"우아. 목소리 진짜 좋네요. 오빠가 이름을 부르니까 느낌이
달라요."

란희는 화제가 다시 수학 쪽으로 돌아가지 않도록 최선을 다
했다.

"그래?"

듣기 좋은 말에 무리수의 미소가 짙어졌다. 그때, 용기를 낸
아름이 슬쩍 노트를 내밀었다.

"저, 저기… 사인 좀 해 주시면 안 될까요?"

"그럴까?"

무리수가 영업용 미소를 유지하며 아름의 노트를 받은 뒤 큼
지막하게 사인을 하고 아름의 이름을 적어 넣었다. 아름은 감동
해서 눈물까지 그렁그렁했다. 사인을 마친 무리수가 노트를 덮
자 수학특성화중학교 로고가 보였다.

"수학특성화중학교 다니는구나."

"네……. 저희 다 같은 학교예요."

"몇 년만 일찍 개교했으면 나도 다니는 건데. 아쉽다."

무리수가 눈을 마주 보고 말하자 아름의 눈이 더 거세게 일렁
였다.

"이건 꿈인가요?"

"뭐? 아하하. 현실이야. 소녀, 날 보니까 감격스러워?"

아름이 홀린 듯이 답했다.

"전생에 전 뭘 한 걸까요? 공덕을 많이 쌓았나 봐요. 앞으로 더 착하게 살게요."

"그래. 공부도 열심히 하고."

"네! 전교 1등이 되어 볼게요!"

지금 기분으로는 전교 1등이 아니라 전국 1등도 할 수 있을 것 같았다.

"난 소녀가 무리하는 건 싫은데."

아름은 다시 가슴을 부여잡고 쓰러졌다. 아름이 란희의 등 뒤로 물러나자 호시탐탐 기회를 노리던 아이들이 무리수 주변으로 몰려들었다.

"팬이에요. 저도 사인 좀 해 주세요."

"오빠, 사진 찍어도 돼요?"

"저는 여기 옷에다가 크게 사인해 주세요."

무리수는 순식간에 아이들에게 파묻히고 말았다. 노을과 란희는 슬쩍 비켜서며 자리를 내주었다.

"휴, 큰일 날 뻔했네."

위기에서 벗어난 노을이 안도의 한숨을 내쉬며 말했다. 그 모습을 보고 있던 란희가 노을의 귀를 움켜잡았다.

"너 똑바로 안 할래? 들키면 다 끝장인 거 몰라?"

"아, 아파. 알았어. 잘할게. 잘하면 되잖아. 너무 갑작스러운 질문이라서 그랬어."

"어휴, 정신 차려."

노을은 노트를 꺼내 어제까지 암기한 내용을 다시 확인했다. 분명 완벽히 외웠는데 갑작스러운 질문에 머릿속이 하얗게 되고 말았다.

"방심해서 그래. 이제 됐어. 긴장할게. 나만 믿어."

노을이 자신만만하게 말하자 더 걱정스러워진 란희였다.

영웅이 될 운명

미니 팬 사인회를 치르다시피 한 강당은 곧 조용해졌다. 사인
을 받은 아이들이 각자의 자리로 돌아간 것이다.

노을이 슬쩍 무리수에게 다가갔다.

"와, 인기 진짜 많네요. 좋으시겠어요."

"좋기도 하고, 나쁘기도 하지. 개인 시간은 거의 없으니까. 그
래서 기대하고 있어, 이번 캠프."

"저도요. 재미있으면 좋겠어요."

"아, 그 증명법 설명 좀 해 줘."

무리수가 다시 얘기를 꺼내자 노을은 기다렸다는 듯이 입을
열었다.

"그건 말이죠. 간단히 말하면 한 변의 길이가 2c인 정사각형을 세 종류의 정사각형으로 나누어서 서로 넓이가 같다는 걸 확인한 거예요. 그러니까요."

노을은 노트까지 꺼내 도형을 그려 가며 말했다. 물 흐르듯 자연스러운 설명이었다.

"이렇게 되는 거예요."

피피가 일러 준 대로 잘 설명했다는 생각에 노을은 흡족한 미소를 지었다.

"와. 잘 외웠네."

"네?"

노을이 되물었지만, 무리수는 웃어넘겼다.

"아니야. 깔끔한 증명법이라고. 한동안 이 증명법이 회자될 것 같다. 난 이렇게 깔끔한 게 좋더라. 그래서 오일러의 공식을 가장 좋아해. 인간이 발견한 가장 아름다운 공식이잖아."

"네? 오일……."

"가장 유명하기도 하고."

"…어. 어. 그렇죠. 아하하."

그게 뭐냐고 물어보려던 노을은 '가장 유명'하다는 말에 입을 다물었다. 그나마 다행인 것은 곁에 파랑이 있다는 사실이었다.

"$e^{i\pi}+1 = 0$ 말하는 거죠? 수학에서 가장 중요한 다섯 개의 상수, 그러니까 0, 자연수 1, 자연로그의 밑 e, 원주율 π, 허수단위 i를

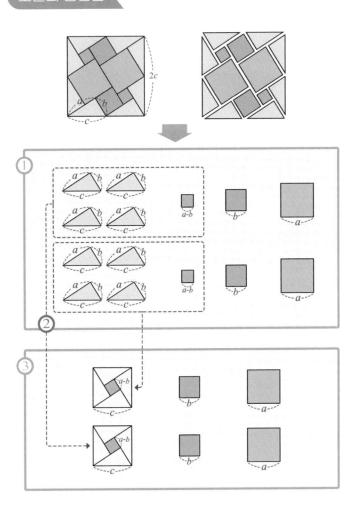

① 한 변의 길이가 2c인 정사각형을 빗변의 길이가 c이고 나머지 두 변의 길이가 a, b인 직각삼각형 8개와 한 변의 길이가 각각 a−b, a, b인 정사각형 2개씩으로 나눈다.

② 직각삼각형 4개와 한 변의 길이가 a−b인 정사각형 1개를 이용해서 한 변의 길이가 c인 정사각형을 만든다. 그러면 한 변의 길이가 c인 정사각형이 2개 만들어진다.

③ 즉 한 변의 길이가 2c인 정사각형의 넓이 $4c^2$은 한 변의 길이가 c인 정사각형 2개, a인 정사각형 2개, b인 정사각형 2개의 넓이 $2c^2 + 2a^2 + 2b^2$과 같음을 알 수 있다. 이를 식으로 나타내면

$$4c^2 = 2c^2 + 2a^2 + 2b^2$$
$$2c^2 = 2a^2 + 2b^2$$
$$c^2 = a^2 + b^2$$

이로써 피타고라스의 정리 $c^2 = a^2 + b^2$이 증명된다.

* 증명 출처 : Roger B. Nelsen, 『Proofs Without Words』
(The Mathematical Association of America, 1993)

하나의 식으로 연결한 공식이요."

"잘 아네."

"오일러 공식은 중학생이 다루기엔 좀 어려운 개념 아닌가요? 자연로그나 허수단위는 고등학교에서 배우는 거잖아요."

평소와 달리 파랑의 말투가 날카로웠다.

"그런가? 허세일 수도 있고, 질투일 수도 있고."

무리수는 얄미울 정도로 방글거리며 말을 덧붙였다.

"참고로 말하자면, 내 SNS 아이디가 'root'야."

파랑은 무리수를 이상하게 쳐다보았다. 따로 자기 아이디를 밝힐 이유가 없었기 때문이다. 반면 노을과 란희는 사색이 되고 말았다.

노을의 머릿속에선 '망했다'라는 단어가 메아리쳤다.

"아하하하. 그렇군요. '루트'면 '무리수'랑 아주 잘 어울리는 아이디네요."

노을과 란희는 이 상황을 어떻게 극복해야 할지 고민했다. 그때 우연히 란희의 눈에 무언가가 들어왔다. 구석에 모여 웅성거리는 아이들의 모습이었다.

"노을아! 저기 애들 모여 있다. 아주아주, 궁금하다아. 가 보자."

란희의 의도를 알아차린 노을이 냉큼 따라나섰다.

"가, 같이 가 볼까?"

무리수로부터 적당히 멀어지자 란희가 노을에게 따지듯이 물었다.

"왜 하필이면 무리수야? 왜? 어째서? 너한테 SNS 메시지 보냈던 그 아이디 말하는 거지? 아니라고 말해 주지 않을래?"

노을의 어깨가 축 늘어졌다.

"…나 어쩌지?"

"어쩌긴 뭘 어째! 정신 바짝 차려. 무리수 영향력 장난 아닌 거 알지? SNS에라도 올리면 넌 끝이야."

"나도 알아."

"좋아. 진정하자. 일단 너랑 메시지 주고받았다는 사실을 바로 알리지 않았잖아. 두고 볼 생각인 것 같으니까 대처 잘해. 네가 풀었다고 믿게 해. 아니면 친해져서 울고불고 매달려!"

"울고불고 매달리는 게 더 쉬워 보인다. 그치?"

대책 없는 노을의 반응에 란희는 편두통이 생길 것 같았다.

"나 왜 다가오는 2주가 굉장히 힘들 것 같지? 벌써 피곤해……."

"그래도 때맞춰 구해 줘서 고마워. 용사님인 줄."

"그럼 넌 공주님이냐?"

란희가 핀잔을 줬지만, 노을은 배시시 웃기만 했다.

"그런데 넌 무리수랑은 어떻게 아는 거야?"

"오다가다 만났어."

란희가 대수롭지 않게 대꾸했다.

"길 가다가 아이돌을 만났다고? 그렇다고 해도 보통은 사인받고 끝 아니야?"

"길 모른다고 해서 안내해 줬어. 사실은 콘서트 티켓도 무리수가 준 거야."

"헐. 고작 길 안내해 줬다고 콘서트 티켓을 줘? 왜?"

"글쎄. 나한테 첫눈에 반했나 보지."

"……."

"왜?"

란희가 눈을 과장되게 깜빡이자, 노을이 어이없어했다.

"드디어 미쳤어. 원래 미친 줄은 알았지만, 제대로 미쳤어."

"시끄러워. 일단 여기 애들 모여 있는 데에 섞여 있어 보자. 좀 이따가 내가 돌아가서 화제를 돌릴 테니까 넌 천천히 와."

"역시 너밖에 없다. 내가 너 사랑하는 거 알지?"

"됐거든?"

노을이 태연한 척하며 아이들 사이를 비집고 들어갔다.

아이들이 모여 있는 곳 가운데에는 동양 인형처럼 생긴 여자아이가 한 명 앉아 있었다. 주변의 아이들은 그 아이의 말에 따라 웅성거리기도 하고, 웃기도 했다. 살펴보니 가운데에 앉은 아이가 '숫자점'을 봐 주는 모양이었다.

"어!"

그 아이를 알아본 란희가 앞에 앉아 반가운 체를 했다.

"리미트 콘서트장, 맞죠?"

"콘서트장이라니요?"

"제 옆자리에 앉아 있었잖아요."

"글쎄요, 잘못 본 것 같은데요. 전 콘서트 같은 거 안 보러 가서요."

고개까지 돌려 버리자 란희는 괜히 머쓱해졌다.

"아, 그래요? 잘못 봤나 봐요. …제 것도 봐 주세요."

그 아이가 노트를 내밀었다.

"여기에 이름과 생년월일을 적어요. 탄생수를 알아야 하니까요."

란희가 노트에 생년월일을 적자 여자애가 고개를 들고 놀랍다는 듯이 말했다.

"이제 중2 올라가요?"

"네."

"초대장에 적힌 문제가 중1이 풀 만한 수준이 아니었는데."

"네. 그렇죠. 아하하. 운이 좋았달까요."

적당히 대답한 란희는 노을을 한 번 더 흘겨보았다.

그동안 그 여자아이는 생년월일의 숫자를 하나씩 떼어 전부 더하기 시작했다. 특별한 수로 취급하는 11과 22를 제외하고, 한 자리 숫자가 될 때까지 계속해서 더해 나갔다. 그러자 숫자 3이 나왔다.

"3이네요."

란희가 호기심을 담아 물었다.

"좋은 거예요?"

"탄생수가 3인 사람은 행운아예요. 낙천적이고 경쾌하게 삶을 살아가요. 사람을 만나는 것도 좋아하고, 어떤 분위기에도 잘 적응해요. 누구에게나 사랑받고요. 호기심이 많고 다재다능한 편이에요. 사람들의 시선에 얽매이기보다는 자신만의 기준을 갖고 살아가고요."

좋은 이야기가 이어지자, 란희의 입이 헤벌쭉해졌다.

"오오. 맞아요!"

"하지만 극단적이고 즉흥적인 면이 있는 게 단점이에요. 직설적이고 거짓말을 싫어해서 다른 사람에게 상처를 줄 때도 있어요. 겉모습만으로 사람을 판단하는 경우도 있으니까 본질을 간파하는 눈을 키워야 해요."

옆에서 듣고 있던 노을이 키득거리며 웃었다. 여자애가 말을 이었다.

"탄생수가 3인 사람 중에는 영웅이 종종 나오기도 해요. 그렇다고 모두가 영웅은 아니니까 성급해하지 말아야 하고 경솔하지 않은 선택을 해야 해요. 인복을 타고나니까 친구의 도움을 받는 것도 좋겠네요."

"맞아요. 난 아무래도 영웅이 될 운명인 것 같아요."

부정적인 내용은 빼고 긍정적인 내용만 받아들인 란희였다.

"영웅은 무슨. 미쳤냐?"

노을이 핀잔을 주었다.

"왜? 뭐? 아까는 내가 용사님인 줄 알았다며."

"그… 그랬지."

노을은 말이 없어졌다. 란희는 아름에게 쪼르르 달려가 "영웅이 될 운명이래!"라고 말했다.

그사이 또 다른 아이가 노트에 생일을 적고 있었다. 어쩐지 뒤통수가 낯익어서 자세히 보니 지석이었다.

점을 봐 주는 아이가 생일을 확인하며 말했다.

"중1이네요?"

"전 수학특성화중학교에 다니거든요."

지석의 말에 아이들이 웅성거렸다. 수학을 좋아하는 아이들만 모여 있는 곳이라 지석은 단번에 화제의 중심이 되었다.

계산을 마친 여자애가 말했다.

"탄생수 8이 나왔네요."

지석은 경청하겠다는 듯이 고개를 끄덕였다.

"오기가 있고, 경쟁을 좋아해요. 혈기왕성하고, 성공을 위해 돌진하는 편이에요. 한번 무언가를 믿으면 광신적인 면모를 보이기도 하지만, 통솔력이 있어 리더 자리에 적합하고요."

"내가 그런 경향이 좀 있죠."

지석이 으쓱대자 노을의 얼굴이 구겨졌다.

"하지만 독단적인 성향을 가지고 있고 타인을 지배하고 싶어 해요. 자신이 최고가 아니면 기분이 풀리지 않고요. 애매한 것을 싫어하며 흑백이 분명해요. 대담하고, 극단적으로 행동하는 경우도 있고, 충동적이라고도 할 수 있어요. 기분이 틀어지면 신 랄하고 이기적인 면모를 보이……."

점점 표정이 굳어 가던 지석이 말을 끊으며 큰 소리로 외쳤다.

"엉터리잖아!"

지석은 뒤도 돌아보지 않고 제자리로 돌아가 버렸다. 그러자 몰려들었던 아이들도 하나둘 흩어졌다. 그중 몇 명은 수학특성 화중학교에 관심을 보이며 지석에게 다가갔다.

점을 보던 아이는 둘러싼 아이들이 모두 떠나자 차분히 노트 를 덮었다. 그 아이 앞에는 노을만이 덩그러니 남아 있었다.

"완전! 잘 맞아요. 딱이에요. 소름 끼쳤어요!"

노을은 엄지손가락을 들어 보이며 신기해했다.

"사람들은 역시 진실을 좋아하지 않네."

점을 보던 아이가 말했다.

"그러니까요. 좋은 말만 들을 거면 뭐 하러 점을 봐요. 그냥 덕 담이나 해 달라 그러지."

노을이 편을 들어 주었지만, 더는 탄생수를 봐 달라며 생년월일을 적는 아이가 없었다. 여자애는 혼자 남아 있는 노을을 빤히 보았다.

"왜 안 돌아가요?"

"저 조금만 더 얘기하다가 가면 안 될까요? 시간을 좀 보내야 해서요. 하하하."

주변을 정리하고 둘러보던 여자애는 란희가 무리수와 함께 있는 걸 보았다.

"아까 그 친구는… 무리수랑 친한가 봐요?"

노을이 냉큼 대답했다.

"오다가다 만났대요. 무리수한테 관심 있어요?"

여자애의 얼굴에 그린 것 같은 미소가 떠올랐다.

"여기 있는 여자애들 모두 관심 있을 걸요? 그런데 그쪽은 숫자점 안 봐요?"

노을이 제 가슴을 탁탁 치며 말했다.

"나는 과학을 믿거든요."

"이것도 수비학이라는 학문에 기초한 거예요."

"헉. 학문이면 더 싫어요."

정말 싫다는 듯한 반응이라 여자애의 입가에 걸린 미소가 더욱 짙어졌다.

수비학(numerology)

수비학은 숫자와 사람, 장소, 사물 사이의 숨겨진 의미를 공부하는 학문이다.

수비학(numerology)이라는 말은 라틴어로 숫자(number)를 의미하는 누메루스(numerus)와 사고, 표현 등을 의미하는 희랍어 로고스(logos)에서 왔다. '숫자의 과학' 정도로 풀이할 수 있다. 고대인들은 미래를 예언하기 위해 수비학을 사용하기도 했다.

피타고라스 역시 수비학자였다. 그는 모든 개념을 숫자로 표현할 수 있다고 믿었다.

자신의 탄생수 찾기

생년월일의 숫자를 하나씩 떼어 전부 더한다. 두 자리 숫자가 나오면 한 자리 숫자가 될 때까지 계속 더한다. 단, 특별한 수로 취급하는 11과 22가 나오면 거기서 멈춘다.

> 예) 생년월일이 2006년 10월 16일인 경우
> - $2 + 0 + 0 + 6 + 1 + 0 + 1 + 6 = 16$
> - $1 + 6 = 7$
> $\therefore$ 탄생수 $= 7$

탄생수 1

정열적이고 용감하다. 의지가 강해서 원하는 걸 이루기 위해 무모할 정도로 노력하기도 한다. 항상 자신감이 넘치며, 위엄이 있어서 말에 설득력이 있다. 타고난 지도자감이라 할 수 있다. 다만 자신의 실수를 인정하는 걸 힘들어한다. 타인에게 지시 받는 것도 싫어한다. 제멋대로 하는 경향이 있어서 적을 많이 만들기도 한다. 자존심을 훼손하는 말에 민감하게 반응한다. 허세가 있어 사기를 당하기도 쉽다. 실패한다면 그건 자신감 과잉이나 급한 성격, 자기중심적 사고 때문일 가능성이 높다.

탄생수 2

평화를 좋아한다. 타협과 화해를 우선시한다. 분쟁에 얽히고 싶어 하지 않는다. 수수하며, 주변의 변화에 민감하게 반응하는 편. 상상력이 풍부하고, 신비한 일에 매력을 느낀다.

타인의 사소한 말에 깊은 상처를 입을 수 있다. 우유부단해서 주변에 휘둘리기도 쉽다. 주변을 직시하고 상황을 왜곡하지 않도록 노력해야 한다. 또 실행력이 부족한 경우가 많다. 재능을 갖고도 발휘하지 못하는 경우가 있으므로 주의해야 한다.

탄생수가 2인 사람 : 한아름

탄생수 3

행운아다. 낙천적이고 경쾌하게 삶을 살아간다. 사람을 만나는 것도 좋아하고 어떤 분위기에도 잘 적응한다. 호기심이 많고 다재다능한 편이며, 사회의 시선에 얽매이기보다는 자신만의 기준을 갖고 살아간다.

극단적이고 즉흥적인 면이 있는 게 단점이다. 거짓말을 싫어하고 직설적이라서 다른 사람에게 상처를 줄 때도 있다. 하지만 악의는 없다. 겉모습만으로 사람을 판단하는 경우도 있으니 본질을 간파하는 눈을 키워야 한다.

탄생수가 3인 사람 : 허란희

탄생수 4

신뢰할 수 있는 노력가다. 목표를 향해 신중하게 나아간다. 돌다리도 두드려 보는 타입인데, 걸음이 늦을지는 모르지만 꾸준하다. 현실적이고 냉철한 시선을 가지고 있다. 한마디로 이성적인 사람이다.

사교성이 부족하며 아첨하지 못한다. 혼자 움직이는 걸 좋아한다. 동료와의 협력이 필요하니 적극적으로 교우 관계를 맺는 것이 좋다. 때로 크게 화를 내거나 고집을 부리기도 하는데, 인내심을 키우는 게 좋다.

탄생수 5

호기심이 왕성하다. 호기심을 충족하기 위해 모험도 마다치 않는다. 머리 회전이 빠르고 지적 욕구를 채우기 위해 분주히 움직인다. 하지만 흥미를 쉽게 잃어 금방 또 다른 것을 찾는다. 지루한 것을 싫어해서 충동적으로 무언가에 도전하기도 한다. 어떤 일에도 완전히 몰입하거나 빠지지 않는다. 마음속에 다양한 가치관이 공존해 혼란에 빠지기도 한다. 세간의 평가가 크게 갈릴 수 있으며, 여러 가지 의미로 드라마틱한 삶을 살아간다. 많은 친구를 얻지만 또 많은 친구와 헤어질 수 있다. 그 원인이 자신에게 있는 것은 아닌지 고민해 보자.

탄생수가 5인 사람 : 진노을

탄생수 6

배려로 가득한 온화한 성품이다. 대단히 친절하며 동정심도 많다. 이성보다는 감정에 좌우되는 경향이 있다. 노력하는 스타일로 신중하고 침착하다. 일단 누군가에게 복수심을 품으면 쉽게 그 마음을 버리지 못한다. 야심이 없어 보이지만 실제로는 상당한 야심가다. 소유욕도 강하고 손익에 민감하게 반응한다. 자신을 비롯한 모든 것이 아름답기를 바란다. 이런 경향이 잘못 발휘되면 향락에 빠질 수 있으므로 주의하자.

탄생수 7

신비로운 분위기의 사람이다. 날카로운 통찰력과 풍부한 상상력을 함께 가지고 있다. 이 성향이 극단적으로 발휘될 경우 '괴짜'라고 낙인찍힐 수 있다. 궁굽해도 이상을 실현하는 게 우선인 사람. 신념이 강해서 주장을 굽히지 않는다. 혼자 있는 시간을 좋아하고, 내성적이지만 냉정하지는 않다.

모두에게 평등한 애정을 준다. 노력형으로, 천재적인 재능을 발휘하기보다는 천천히 능력을 꽃피우는 사람이 많다. 한마디로 대기만성형.

탄생수가 7인 사람 : 임파랑

탄생수 8

오기가 있고 경쟁을 좋아한다. 혈기왕성하다. 목표를 이루기 위해 온 힘을 다한다. 통솔력이 있어 리더 역할에 적합하다. 독단적인 성향을 가지고 있으며 타인을 지배하고 싶어 한다. 자신이 최고가 아니면 기분이 풀리지 않는다.

대담하고 극단적으로 행동한다. 충동적이라고도 할 수 있다. 인격적으로 성숙할 경우 진정한 리더로 거듭나지만, 반대의 경우에는 큰 실패를 맛볼 수 있다. 타인의 말에 귀를 기울이자.

탄생수가 8인 사람 : 서지석

탄생수 9

양극단적인 면모를 동시에 지닌 사람. 본심을 숨기는 데 능해 말과 본심 사이에 상당한 거리가 있다. 하지만 이는 부끄러움 때문이다. 다른 이들의 평가를 걱정하지만, 소신은 있다. 외향적으로 보이는 경우에도 상당히 내향적이다.

로맨틱하지만 손익 계산에는 민감하다. 이상을 꿈꾸지만 행동은 현실적. 박식하지만 수박 겉핥기 식의 지식을 지닌 경우도 있다. 성공하기 위해서는 에너지를 한곳으로 집중시키도록 하자.

탄생수 11

높은 이상을 가지고 있으며, 그 이상을 실현할 수 있을 만큼 유능하다. 직관이 뛰어나기 때문에 자신의 감을 믿고 행동해도 된다. 자신과 타인에게 모두 엄격하다.

어떤 분야에서도 유능하기 때문에 능력이 떨어지는 이들에게 냉정하다. 성공해도 만족을 모르고 질주한다. 이 때문에 허무함을 느낄 수 있으며 어느 순간 모든 걸 버리고 시간을 낭비하게 될 수도 있다.

탄생수가 11인 사람 : 박태수

탄생수 22

천재다. 의지도 강하고 실행력도 있다. 심지어 카리스마까지 있다. 하지만 이런 자신의 능력을 눈치채지 못하고 생을 마감하는 경우가 많다. 자신의 천재성을 발휘할 분야를 빨리 알아내는 게 중요하다.

성격이 급하며 불안정하다. 생각이 보통 사람과는 달라서 무엇을 해도 독특하게 느껴진다. 실행력이 뛰어난 게 최대 장점이다.

자부심은 탄생수 22를 가진 사람의 적이다. 주위의 반감을 사기도 쉽다. 성공도 크지만 실패도 크니 주의해야 한다.

32에서 28로

란희는 불안한 눈빛으로 파랑과 무리수를 번갈아 보았다. 둘은 한동안 수학 얘기만 하고 있었다. 둘은 기본적으로 대화가 잘 통하는 상대였다.

'아주 소울 메이트네. 소울 메이트야. 다른 데로 안 가나?'

곁에서 두 손을 모아 쥐고 있는 아름의 눈빛을 보니 캠프 내내 함께 있을지도 모르겠다는 불길한 예감이 들었다.

'아이돌이 무슨 수학을 저렇게 잘해?'

리미트 멤버 모두가 수학 덕후라는 건 아름에게 들어서 알고 있었다. 돌이켜 보면 팬클럽 등급을 올릴 때에도 수학 문제를 풀어야 했다. 그래도 이 정도일 줄이야.

파랑과 무리수의 얘기는 끝없이 이어졌다.

란희는 눈동자를 또르르 굴렸다. 노을은 아직 탄생수를 봐 주던 아이 옆에 있었다. 다행스러운 점은 무리수가 제 아이디를 밝히기만 했을 뿐 그 일을 다시 언급하지는 않았다는 것이다.

'뭐, 어떻게든 되겠지.'

노을이 빨리 발을 헛디뎌 바보 노을이 되길 바랄 뿐이었다. 그 전에 무리수의 입을 확실히 틀어막아야겠지만.

란희는 파랑과 무리수의 이야기에 귀를 기울였다. 대부분은 무리수가 말을 하고, 파랑이 답하는 형태였다.

"너희 학교에 관심이 많았거든. 파랑이를 보니까 확실히 수준이 높네. 노을이가 증명한 정리도 그렇고."

파랑이 머뭇거리자 란희가 대신 답했다.

"다 파랑이 같지는 않아요. 얘는 우리 학교에서도 규격 외 존재거든요. 입학부터 지금까지 전교 1등이에요."

"그래? 역시 말이 잘 통하더라. 파랑이가 규격 외면 노을이는?"

"그게… 아하하."

란희가 어색하게 웃는데 인솔자인 듯 보이는 중년 남자가 등장했다.

"오래 기다리셨습니다."

천천히 걸어 들어온 그는 마이크 앞에 서서 아이들을 둘러보았다.

"피타고라스 수학 캠프에 참가하기 위해 모여 주신 여러분을 환영합니다. 저는 캠프장까지의 안내를 맡은 신준한입니다."

모두의 시선이 준한에게 집중되었다. 강당이 조용해지자 그가 다시 말을 이었다.

"예고된 대로 피타고라스 수학 캠프는 2주간 진행될 예정입니다. 캠프의 합숙 기간 동안 여러분은 일곱 가지 미션을 해결하게 됩니다. 이 미션을 가장 먼저 해결한 팀에게는 특전이 있습니다."

특전이라는 말에 아이들이 수군거렸다. 준한은 웅성거림이 잦아들기를 기다렸다가 다시 말을 이었다.

"아이비리그라고 들어 보셨을 겁니다. 미국 북동부 지역에 있는 여덟 개의 명문 사립대학을 뜻하는 말이죠. 각각 하버드, 예일, 펜실베이니아, 프린스턴, 컬럼비아, 브라운, 다트머스, 코넬대학교입니다. 캠프 미션을 가장 먼저 해결한 팀의 구성원 모두에게는 여덟 개의 사립대학 중 원하는 곳의 추천 입학권을 드립니다."

누군가는 마른침을 꼴깍 삼켰고 누군가는 당황스러움을 감추지 못하고 옆 사람에게 속삭였다. 강당이 크게 술렁이자 한 명이 손을 들고 물었다.

"가산점인가요?"

"가산점이 아닙니다. 추천 '입학'입니다."

"수능 안 봐도 되는 거예요?"

"에세이 형식의 자기소개서만 제출하시면 됩니다. 말 그대로 추천 '입학'입니다."

소란이 걷잡을 수 없이 커졌다가 수그러들었다. 모두 준한에게 집중하기 시작한 것이다.

"피타고라스 수학 캠프에 대해 검색해 보셨을 겁니다. 우리 캠프 출신의 수학자에 대한 기사나 글은 쉽게 찾았을 거고요. 하지만 캠프 자체에 대한 내용은 찾지 못했으리라 생각합니다. 아이비리그 입학권이 걸려 있다는 사실도 몰랐겠죠. 그렇습니다. 무려 아이비리그 입학권이 걸려 있음에도 알려지지 않았습니다. 만약 이 사실이 알려졌다면 경쟁률이 더욱 어마어마했겠죠. 이 자리에 있는 학생들도 여러분이 아니었을지 모릅니다."

준한이라는 남자는 잠시 멈추었다가 다시 말을 이었다. 아이들은 계속해서 준한의 말에 귀를 기울였다.

"여러분은 캠프에 들어가기에 앞서 한 가지 서약을 하게 됩니다. '테트락티스(tetractys)'라는 신성한 삼각형 앞에서 캠프의 규칙을 준수하며, 캠프 안에서 있었던 일에 대해서는 침묵한다는 서약입니다. 서약을 거부할 경우에는 캠프에 참가하실 수 없습니다. 거부하실 분은 손을 들어 주세요."

당연히 아무도 움직이지 않았다. 아이비리그라니, 영혼을 팔고 해도 서약할 마당이었다.

"없군요. 수십 년 동안 이 단계에서 손을 든 학생은 전 세계에서 단 한 명도 없었습니다."

준한이 말을 마치자 전방의 대형 LED 화면에 테트락티스 도형
이 나타났다.

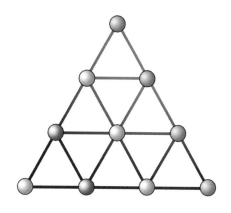

"모두 오른손을 들어 주시기 바랍니다."

아이들이 일제히 오른손을 들어 올렸다.

"우리는 신성한 테트락티스 앞에서 맹세합니다. 캠프의 규칙을
준수하며, 캠프 안에서 있었던 일에 대해서 영원히 침묵하겠습
니다. 서약을 어길 시에는 그에 상응하는 대가를 치르겠습니다."

아이들은 준한의 말을 따라 했다. TV나 영화에서 보던 사이
비 종교가 아닌가 하는 의심이 들기는 했지만, '아이비리그 추천
입학권' 앞에서 이의를 제기할 아이는 없었다.

"자, 그럼 가볍게 시작해 볼까요? 혹시 『그리스 시화집』을 아는

친구가 있나요? 유클리드가 지었죠."

아이들이 주변을 둘러보았다. 탄생수 점을 봐 주던 아이만이 움찔거리며 손을 들었다가 다시 내렸다.

준한은 아이들을 둘러보다가 시를 낭송하기 시작했다.

위대한 피타고라스여
뮤즈 여신의 자손이여
가르쳐 주십시오
당신 제자의 수효를

내 제자의 절반은 수의 아름다움을 탐구하고
자연의 이치를 구하는 자는 4분의 1이며
7분의 1의 제자들은 입을 굳게 다물고 사색하고 있습니다
그 외 여자 제자가 3명이며
그들이 내 제자의 전부입니다

낭송을 마친 준한이 다시 아이들을 둘러보았다.

"자, 피타고라스의 제자는 몇 명일까요? 방정식을 이용하면 간단히 풀 수 있는 문제입니다."

준한이 말을 마치기가 무섭게 손을 든 아이가 있었다. 무리수였다.

"스물여덟 명이요."

"맞습니다. 왜일까요?"

다시 무리수가 대답했다.

"2, 4, 7의 최소공배수는 28이거든요."

"정확히 알고 있군요. 시에 나온 피타고라스의 제자는 모두 스물여덟 명입니다. 앞에서 말했듯이 어려운 문제는 아닙니다. 시를 집중해서 들어야 풀 수 있는 문제였을 뿐이죠."

총 제자 수를 미지수 x라 하면

수의 아름다움을 탐구하는 제자는 $\frac{1}{2} \times x$명,

자연의 이치를 구하는 제자는 $\frac{1}{4} \times x$명,

입을 굳게 다물고 사색하는 제자는 $\frac{1}{7} \times x$명,

여자 제자는 3명.

이를 모두 합치면 총 제자의 수를 알 수 있다.

$$x = \frac{1}{2}x + \frac{1}{4}x + \frac{1}{7}x + 3$$

$$28x = 14x + 7x + 4x + 84$$

$$3x = 84$$

$$x = 28$$

$\therefore$ 총 제자 수 = 28명

준한의 말에 여기저기서 고개를 끄덕였다.

"지금부터는 더욱 집중해 주세요. 팀원을 구성하는 과정을 설명하겠습니다. 앞에서 말했듯이 피타고라스의 제자는 스물여덟 명뿐입니다. 저는 피타고라스 캠프의 참가자도 그 수를 넘지 않기를 원합니다. 참가자들은 일곱 명씩 네 개의 조를 이루어 캠프에 입소하게 될 것입니다. 그런데 지금 이곳에 와 있는 참가신청자는 총 서른두 명이죠."

아이들은 또다시 수군거리기 시작했다. 준한의 의도를 알아차린 것이다.

"맞습니다. 네 명은 팀에 속하지 못하겠죠. 팀에 들어가지 못한 네 명은 돌아가야만 합니다. 이의를 제기할 친구 있나요?"

아무도 선뜻 나서지 않았다.

일이 이렇게 된 건 초대장을 받은 사람이 한 명에서 세 명까지 친구를 데려올 수 있다는 규정 때문이었다. 그러다 보니 혼자서 온 아이도 있었고, 네 명을 채워서 온 아이도 있었다. 그 결과 서른두 명이라는 숫자가 만들어졌다.

애초에 이런 식으로 모이면 7배수의 인원이 만들어지기 어려웠다. 주최 측이 원했던 그림이라는 뜻이다. 다들 불만은 있었다. 하지만 혹시나 불이익을 당할까 싶어 입 밖으로 꺼내어 얘기하지는 않았다.

"이의가 없으면 참가인원을 선발하도록 하겠습니다. 룰은 간단

합니다. 지금부터 7분 안에 일곱 명씩 팀을 편성하세요. 팀이 만들어지면 이름을 적어 제출하면 됩니다. 다시 말하지만, 마지막까지 팀을 찾지 못한 네 명은 집으로 돌아가야 합니다."

준한이 손가락을 튕기자 LED 화면에 디지털시계가 나타나더니 카운트다운이 시작되었다.

당황한 아이들의 시선이 어지럽게 흩어졌다. 아이들은 저마다 이야기를 나누며 뭉치거나 흩어지기를 반복했다. 간혹 언성을 높이거나 울먹이는 아이도 보였다.

아이비리그 입학권이 걸려 있다면 신중을 기해 조를 선택해야 했다. 수학 능력이 뛰어난 아이를 팀원으로 영입해야 했다. 초대장을 받은 아이들끼리 모이는 방법도 있었다. 하지만 그런 식으로 너무 재고 따지며 눈치를 보다간 최악의 상황을 맞이할 수도 있었다.

그 순간 아이들의 머릿속에 한결같이 떠오른 인물은 다름 아닌 '진노을'이었다. 각종 신문과 언론, 인터넷을 통해 수학 천재라고 알려진 탓이었다. 하지만 그 유명한 '진노을'이 누구인지 알고 있는 아이는 많지 않았다.

돌아가는 분위기를 살피던 무리수가 란희에게 말했다.

"소녀네 네 명이지? 나도 들어갈게. 방해는 안 될 테니까."

란희가 눈살을 찌푸렸다.

"소녀가 아니고 란희라니까요."

란희의 등 뒤에 있던 아름이 격렬하게 외쳤다.

"화, 환영해요!"

지나치게 큰 소리로 대답한 아름은 다시 란희 뒤로 몸을 숨겼다. 란희는 어쩔 수 없이 대답했다.

"…같이해요. 같이하면 좋죠."

무리수가 팀에 합류하자 파랑이 평온한 표정으로 말했다.

"이제 됐네."

"뭐가 돼? 두 명 더 찾아야지."

"네 명이 탈락인데 우리는 이미 다섯 명이잖아. 누구든 우리 쪽으로 오는 수밖에 없으니까 탈락은 면한 셈이야."

"아! 그렇네."

란희가 주변을 둘러보기 시작했다. 금방 다가오는 사람이 있을 거라는 예상과 다르게 아무도 다가오지 않았다. 무리수와 함께라는 사실이 걸림돌이 된 것이다. 무리수가 유명한 수학 덕후라지만, 아이돌이 수학을 하면 얼마나 하겠느냐는 선입견이 있었다. 스물여덟 명이라는 답을 맞힌 게 무리수였음에도 그 선입견은 쉽게 변하지 않았다.

같은 수학특성화중학교를 다니는 지석과 찬기도 노을의 조에는 눈길을 주지 않았다.

중간중간 "진노을이 누구야?" "진노을 안 왔어?"라는 말들이 들려오기는 했지만 란희는 외면했다. 노을에게 의존하는 아이와

한 팀이 되면 들통날 수도 있었다.

그때였다.

"내가 한 명 데려왔어."

노을의 목소리에 뒤를 돌아보니 탄생수를 봐 주던 아이가 쭈뼛거리며 앞에 서 있었다.

"어! 탄생수 봐 주던 언니!"

란희가 알은체하자, 여자애의 표정이 조금 밝아졌다.

"나도 끼워 주면 안 될까요? 혼자 왔거든요."

파랑과 아름, 무리수는 딱히 긍정도 부정도 하지 않았다. 아무래도 좋다는 얼굴들이었다.

란희가 밝게 말했다.

"환영해요."

"고마워요."

여자애는 안심했다는 듯이 가방을 내려놓고 무리수 옆에 섰다. 그리고 무리수를 물끄러미 바라보았다.

"난 전시은이에요."

시은이 제 이름을 밝히자 아름과 파랑도 이름을 말했다. 무리수는 굳이 이름을 밝힐 필요가 없어서 웃기만 했고, 노을은 시선을 피하며 침묵했다.

팀원이 여섯 명이 되자 나머지 한 명을 구하는 건 어렵지 않았다. 눈치 빠른 아이 한 명이 먼저 다가왔다.

"누나 형들, 저도 끼워 줄 수 있을까요? 저까지 딱 일곱 명인 것 같은데요. 저 원주율도 외울 줄 알아요. $\pi = 3.1415926535897932384626\cdots\cdots$."

란희는 눈을 동그랗게 뜨고 원주율을 줄줄이 외는 아이를 빤히 바라봤다.

"세상에, 귀여워."

'누나'와 '형'이라는 호칭이 아니더라도 어리다는 걸 알 수 있을 정도였다.

"더 외울까요?"

란희가 고개를 저으며 되물었다.

"그만 외워도 돼요. 몇 살이에요?"

"열둘이요."

"와, 최연소 참가자?"

"네. 아마도요."

아이들을 돌아본 란희가 마침표를 찍듯 고개를 끄덕였다.

"환영해요."

란희가 밝게 웃자, 바짝 긴장하고 있던 아이도 활짝 웃었다.

"최성찬이에요."

아이들은 나이에 따라 말을 놓기로 했다.

무리수와 시은은 동갑이었고, 그 아래로 노을 일행이 있었다. 막내는 당연히 성찬이었다. 나이를 정리하고 나니 금세 친해진 기분이었다.

란희가 말했다.

"그럼 우리는 등록해 버릴까요?"

란희가 팀원 명단을 적어 제출하자 준한이 고개를 끄덕였다. 그리고 단상 밑의 아이들을 향해 냉정하게 선언했다.

"1분 남았습니다."

아이들의 웅성거림이 더욱 커졌다.

이제 무리에 끼지 못한 이는 없었다. 문제는 네 명씩 있는 팀이 합쳐져서 여덟 명이 되어 버린 경우였다. 그들은 한 명을 제외시켜야 했다. 의견을 좁히지 못하고 가위바위보를 하는 팀까지 등장했다.

란희가 의문을 표시했다.

"왜 꼭 스물여덟 명이어야 하는 거지? 단지 피타고라스의 제자가 스물여덟 명이었다고 해서 여기까지 온 애들을 돌려보내는 건 좀 이상하잖아?"

모두가 란희의 말에 공감하는데, 성찬이 입을 열었다.

"28은 완전수잖아요."

"28? 28이 왜?"

"완전하니까요. 완전하니까 완전한 거죠."

시은이도 말을 보탰다.

"피타고라스는 완전수를 신성시했거든. 여긴 피타고라스 캠

완전수

완전수는 자신을 제외한 약수의 합이 다시 그 자신이 되는 수이다.

예를 들어 6의 약수는 1, 2, 3, 6이다. 이 중 자기 자신인 6을 제외한 나머지 약수 1, 2, 3의 합은 1 + 2 + 3 = 6이므로 6은 완전수이다. 28 또한 자기 자신을 제외한 약수 1, 2, 4, 7, 14를 전부 더하면 1 + 2 + 4 + 7 + 14 = 28이므로 완전수이다.

피타고라스는 어떤 수의 약수 중 자기 자신을 제외한 수를 전부 더한 값이 원래의 수와 같으면 완전한 수라 믿었다. 그래서 신이 완전수인 6일 동안에 천지를 창조했으며, 달의 공전 주기가 28일인 것이라고 생각했다. 6, 28 다음으로 등장하는 완전수는 496, 8128 등이 있다.

고대 그리스인들은 이 네 개의 완전수밖에는 알지 못했다. 하지만 완전수가 어떤 형태를 갖추고 있는지는 알았다. 유클리드는 자신의 책 『원론』에서 이들이 모두 $2^{n-1} \times (2^n - 1)$의 형태를 띠고 있음을 증명했다.

예를 들어 6은 $2^1 \times (2^2 - 1)$로 n이 2인 경우이고,

$\qquad$ 28은 $2^2 \times (2^3 - 1)$로 n이 3인 경우이다.

프고."

들고 보니 뭔가 그럴싸하게 느껴졌다. 란희가 다시 물었다.

"그럼 굳이 한 팀이 일곱 명인 이유도 있어요?"

성찬도 란희의 말에 이어 질문했다.

"7은 오직 1과 자기 자신만으로 나누어떨어지는 소수잖아요. 피타고라스가 소수를 좋아했던 걸까요?"

시은이 바로 답했다.

"피타고라스는 7이 세상의 조화와 질서를 나타낸다고 생각했어. 스스로 안정된 수라고."

"오, 그럴싸하네요."

란희가 대꾸했다. 그때 다시 준한의 목소리가 들려왔다.

"10, 9, 8, 7, 6, 5……"

의미가 명백한 카운트다운이었다. 그리고 카운트다운이 끝났을 때에는 망연자실한 얼굴을 한 네 사람이 어느 조에도 속하지 못하고 남겨져 있었다. 그중에는 지석과 함께 온 찬기도 포함되어 있었다.

준한이 접수된 팀원 명단을 정리하는 동안, 노을과 란희는 지석을 찾아 두리번거렸다. 지석은 올해 고등학교에 올라가는 아이들끼리 모여 만든 팀에 혼자 끼어 있었다.

비웃는 듯한 지석의 시선에 란희는 괜히 기분이 상했다.

"저놈은 꼭 이겨야지."

무리수가 이상하게 생각하며 물었다.

"놈?"

"아……. 나 방금 입으로 말했어요?"

"응."

"그런 놈이 있어요. 보면 금방 알게 될 거예요. 보통 싸가지가 아니거든요."

란희가 다시 한번 지석을 노려보았다.

한편 어떤 팀에도 속하지 못한 아이들은 난감한 얼굴로 준한만 바라보고 있었다. 그들 중 누군가가 큰 소리로 물었다.

"우리는 어떻게 되는 거예요?"

준한으로부터 돌아온 답은 냉정했다.

"집으로 돌아가시면 됩니다."

"그런 게 어디에 있어요? 전 따라온 게 아니라 초대장을 받아 왔다고요."

한 명이 초대장을 내밀며 항의했다.

"팀을 이루는 것부터가 캠프의 시작입니다. 이제 돌아가시면 됩니다. 출입구로 나가면 직원들이 소정의 기념품을 드릴 겁니다."

준한의 말에 아이들은 항변하지 못했다. 어쩔 수 없이 네 명은 풀이 죽은 모습으로 나갔다.

"돌아가게 하는 건 좀 잔인한 것 같아."

란희가 불만스럽다는 듯이 중얼거렸다.

"그러게. 좀 그렇네."

"맞아. 너무해요."

무리수와 성찬이 말했다.

노을 일행뿐만이 아니었다. 다른 조의 아이들도 저마다 불만을 토로했다. 어쩔 수 없이 같이 온 친구를 방출시킨 아이일수록 목소리를 높였다.

준한이 다시 입을 열었다.

"자, 이제 각 팀의 대표를 선정해 주세요. 시간은 5분 드립니다."

남겨진 아이들이 다시 웅성거렸다.

아이들은 팀별로 대표를 뽑기 위한 회의를 시작했다.

노을이네 팀에서 가장 먼저 의견을 내놓은 이는 무리수였다.

"우린 노을이가 하는 게 맞는 것 같아. '그' 진노을이잖아."

노을은 어색하게 아하하 웃으며 시선을 피했다. '진노을'이라는 말을 들은 성찬이 감전이라도 된 듯이 펄쩍 뛰며 물었다.

"형이 새로운 증명법 찾아낸 '그' 진노을 님이세요?"

성찬의 눈에 동경과 감격이 함께 어렸다.

"아, 응."

노을은 무리수의 눈치를 보며 어색하게 답했다.

"우아!"

대놓고 감탄하는 성찬의 행동에 노을은 민망해졌다. 시은도 놀랍다는 듯이 노을의 얼굴을 계속 쳐다보았다.

노을은 반성했다. 역시 사람은 거짓말을 하면 안 된다. 대수롭지 않게 시작했던 거짓말이 계속 부피를 키우고 있었다.

"노을이 형이 있으면 우승은 우리 것이네요. 어느 대학교에 가고 싶은지만 결정하면 되겠어요!"

성찬의 커다란 목소리를 들은 다른 팀에서도 수군거리는 소리가 들렸다.

모두가 찾던 진노을이 비로소 등장한 것이다. 그때 무리수가 슬쩍 노을의 곁에 다가서며 작게 말했다.

"이따가 오붓하게 얘기 좀 하자. 그때까지 변명을 생각해 놓든지."

노을은 사형 선고라도 받은 기분이었다. 란희에게 도움을 구하고 싶었는데, 란희는 두리번거리며 다른 팀을 살피고 있었다.

'모르는 척할까? 찍었다고 하는 건 안 통하겠지? 으아… 어쩌지?'

노을의 머릿속엔 오만 가지 생각이 다 떠다녔다. 노을이 아무런 대답을 하지 않자 무리수는 씩 웃었다. 그리고 손을 들며 말했다.

"그럼 우리 팀은 노을이 대표인 거지?"

"난 좋아요!"

"나도."

성찬과 시은이 동의하는 소리를 들은 란희가 뒤늦게 뒤를 돌아보았다. 아직 대답하지 않은 건 파랑과 란희뿐이었다. 이미 분위기는 기울어진 듯했다.

란희는 어쩔 수 없이 노을의 등을 떠밀었다.

"자, 진노을 어서 나가. 빨리 나가면 뭐 좋은 게 있을 수도 있잖아."

"어, 응."

노을이 가장 먼저 앞으로 나가자, 준한이 'A팀'이라고 쓰인 이름표를 일곱 장 주었다. 이름표에는 목에 걸 수 있도록 줄도 달려 있었다. 그리고 뒤편에는 카드가 하나씩 끼워져 있었다.

뒤이어 지석을 포함한 다른 아이들도 앞으로 나왔다. 준한은 다른 팀의 팀장에게도 각각 이름표를 나누어 주었다.

준한의 말이 이어졌다.

"지금부터 밖으로 이동해 대기하고 있는 버스에 탑승합니다. 스마트폰 및 전자기기는 버스에 탑승하면서 모두 제출해야 합니다. 가족이나 친구들에게 미리 연락해 두시길 바랍니다. 참고로 캠프 내에서 전자기기를 사용하다 발각되면 해당 팀 전원이 방출됩니다. 그럼 각 조의 대표들은 팀원을 통솔해서 정문 앞에 대기 중인 버스로 이동해 주세요."

스마트폰을 사용할 수 없다는 말에 아이들이 웅성거렸다. 슬

찍 가져가려던 아이들도 '팀 전원 방출'이라는 말에 입맛을 다셔
야 했다.

"RC카 반입도 안 되나요?"

성찬이 울상을 지으며 묻자, 준한이 답했다.

"통신 혹은 인터넷을 사용하지 않는 기기는 반입 가능합니다."

다시 한번 아이들이 술렁였다. 자기가 가져온 물건의 반입이
가능한지를 놓고 고민하는 듯했다.

'망했네.'

아이들 중에서 가장 좌절한 건 노을이었다. 캠프 안을 찍은
사진이 한 장도 없을 때부터 알아봤어야 했다. 아이들에게 스마
트폰이 있었다면, 아무리 촬영을 금지했다 해도 사진이 떠돌아
다녔을 테니까 말이다.

이로써 캠프에서는 피피의 도움을 받지 못하게 되었다. 평소라
면 상관없었다. 하지만 새로운 증명법을 발견한 수학 천재로 남
아야 하는 노을은 암담해질 수밖에 없었다.

스마트폰을 꺼내 액정을 톡톡 건드린 노을은 다른 아이들이
듣지 못할 만큼 작은 목소리로 말했다.

"휴대전화를 못 가지고 갈 것 같아. 수련원 안에 전자기기를
통해서 들어올 수 있으면 들어와 줘. 아니, 꼭 들어와 줘."

"노을. 그건 불가능해. 수련원은 외부와 통신망이 연결되어 있
지 않아. 무선 통신망도 차단되어 있어."

노을의 동공이 흔들렸다.

"그럼?"

"지난번처럼 내부 컴퓨터망에 USB를 꽂으면 돼."

"USB 없는데……."

노을은 눈앞이 깜깜해짐을 느꼈다.

일곱 번째 테러

김연주는 건물 입구를 서성였다. 시간을 확인하는 모습이 초조해 보였다. 휴대전화를 꺼내서 통화 버튼을 누르려는데, 입구를 통해 검은색 승용차 한 대가 들어왔다.

차 문이 열리기도 전에 김연주의 볼멘소리가 쏟아졌다.

"왜 이렇게 늦게 와? 시간 좀 맞춰 다니랬지."

차에서 내린 사람은 류건이었다. 까칠한 얼굴을 보니 며칠은 잠을 자지 못한 듯했다.

"'오랜만이다'가 먼저 나와야 하는 거 아닌가?"

"꼴은 왜 그래? 밥도 먹고, 잠도 자고 그래라. 뇌도 쉬어야 돌아갈 거 아니야."

"너 선생님일 때가 좋았는데. 착하고 얌전한 척할 때."

"따라와. 시간이 얼마 없어. 겨우 빼 온 거라서."

"알아."

"테러와 연관이 있는지만이라도 알아내야 해."

"쉽지 않을 거야."

류건은 회의적이었다. 하지만 김연주의 생각은 달랐다. 정혜연의 입을 열 누군가가 있다면 그건 류건일 거라고 여겼다.

두 사람이 회색빛 복도를 지나 취조실 앞에 서자 경찰 두 명이 문을 열어 주었다. 방 가운데에 앉은 정혜연이 보였다.

김연주가 말없이 정혜연의 앞에 앉았다.

손목에 수갑을 차고 있는 정혜연은 뚱한 표정으로 류건과 김연주를 번갈아 바라보았다. 그리고 살포시 웃었다.

"왜 또 불렀어요?"

김연주 역시 웃는 낯으로 대답했다.

"구치소 안이 갑갑할까 봐요. 산책 좀 하시라고."

"그럼 종종 불러 줘요. 여긴 좀 쾌적하네요. 습도도 괜찮고. 거긴 좀 건조하거든요."

"이틀 전에 이란에서 테러가 있었어요. 알고 있어요?"

"뭐 대충은요."

"이탈리아, 한국, 독일, 터키, 한국, 이란 순이에요. 한국이 두 번이나 끼어 있네요."

정혜연의 눈빛에 이채가 어렸다. 재미있다는 듯이 입꼬리를 올려 웃던 그녀가 마지못해 대답했다.

"그렇네요."

"제로인가요?"

"글쎄요. 왜 제로라고 생각하죠?"

김연주는 담담하게 현 상황에 대한 설명을 늘어놓기 시작했다.

"국제 사회가 공조수사에 들어갔어요. 몇 개의 테러 단체가 언급되었죠. 하지만 이번 테러는 그들의 방식이 아니에요. 이탈리아나 독일, 이란은 피해가 컸지만 터키나 우리나라에서 일어난 테러에서는 인명 피해가 거의 없었어요. 실패한 테러로 간주하고 있지만, 성공했어도 인명 피해가 날 만한 테러는 아니었죠. 이상하잖아요?"

정혜연이 풋, 하고 웃음을 터뜨렸다.

"그러니까 테러의 뒤에는 제로가 있다, 뭐 이런 대답을 나한테서 기대하는 건가요?"

김연주는 인내심을 발휘하며 계속 말을 이었다.

"테러 현장에서 메시지가 발견되고 있어요. 마치 다음 테러 장소가 어디인지 맞혀 보라는 듯이."

"그래서 알아냈어요? 다음 장소."

정혜연은 이 상황이 재미있다는 듯이 눈을 휘며 사르르 웃었다. 김연주는 표정을 굳히며 본론을 꺼냈다.

"아니요. 몰라서 왔어요. 어디예요? 말해 줄 생각 없어요? 곧 재판인데, 참작해 줄 수도 있어요."

"음… 글쎄요. 그런 걸 내가 어떻게 알겠어요?"

태연히 대꾸한 정혜연은 그때까지 뒤에 멀뚱히 서 있던 류건을 바라보았다.

"인사도 안 할 거야?"

류건이 되물었다.

"은신처가 어디지?"

딱딱한 질문에도 정혜연은 빙그레 웃었다.

"질문에 일관성이 없잖아. 테러 장소가 궁금한 거야? 제로의 은신처가 궁금한 거야?"

"은신처 쪽이 낫겠네. 다 잡아들이면 다음 테러는 일어나지 않을 테니까."

"은신처는 절대로 못 찾아. 찾을 수 없는 곳에 있으니까. 테러는 잘해 봐. 힌트 메시지도 있다면서. 너 그런 거 좋아하잖아. 수수께끼 같은 거. 너무 서두를 필요는 없어. 시간 여유는 있으니까."

류건은 '시간 여유'라는 말에 움찔했다.

"역시 알고 있었구나."

"난 완벽하잖아."

류건은 불만스러웠지만 김연주는 안도했다. 정혜연의 발언은 테러가 제로의 소행이라는 걸 자백한 셈이나 마찬가지였다. 게다가 테러 현장에 남겨진 숫자가 다음 테러 장소로 향하는 단서가 될 거라는 암시도 주었다.

김연주는 선선히 고마움을 표했다.

"고마워요. 일곱 번째 테러는 막아 보려고요."

정혜연이 다시 사르르 웃었다.

"일곱 번째라고 생각해요? 보기보다 순진하네요."

뜻 모를 말에 김연주의 눈빛이 날카롭게 변했다.

"그럼요?"

"그냥 뭐. 말실수한 김에 한 번 더 실수해 볼까요? 테러는 총 열 번 일어날 거예요. 열 번째가 중요하니까, 어디 한번 잘해 봐요. 왜 '제로'겠어요?"

김연주는 떨떠름한 기분을 느꼈다. 테러 장소에서 발견된 메시지와 정혜연의 말이 묘하게 겹친 탓이었다.

'모든 것의 파괴는 새로운 시작을 의미한다.'

김연주가 되물었다.

"설마 세상을 무(無)로 되돌리겠다거나 하는 중2병적인 발상은 아니겠죠?"

"시작은 일식이었어요."

정혜연이 또 다른 힌트를 주었다.

"지난 12월 31일에 있었던?"

"여기까지."

정혜연은 더는 말하기 싫다는 듯이 고개를 돌렸다.

"고마워요."

김연주는 자리에서 일어나 문을 열고 나갔다. 류건에게 약간의 시간을 주려는 움직임이었다. 하지만 류건은 말없이 김연주를 따라 문밖으로 나왔다. 정혜연에게 따로 인사도 하지 않았다.

건물 밖으로 나온 김연주가 답답하다는 듯이 말했다.

"제로가 벌인 일이 맞나 보네."

"좀 더 정보를 알아낼 수 있지 않을까?"

"더 말할 것 같지는 않아. 담당 수사관이 그러더라고. 정혜연이 무언가를 기다리는 눈치라고."

"뭘 기다리는 거지?"

"모르지. 세상의 멸망이 아니길 바랄 뿐이야. 난 수사본부에 들어갈 건데. 너는?"

"난 어디 좀 들렀다가."

"그래. 난 일식부터 알아볼게."

김연주가 먼저 차에 오르자, 류건도 제 차를 향해 움직였다. 그런 뒤 휴대전화를 꺼내 노을의 번호를 눌렀다.

─ 전화기가 꺼져 있어 소리샘으로 연결됩니다.

이상한 일이었다. 피피가 설치된 휴대전화를 노을이 꺼 놓았을 리 없었다. 불길한 예감이 든 류건은 진영진에게 전화를 걸었다.

"네. 국회의원 진영진 휴대전화입니다."

비서가 대신 전화를 받았다.

"안녕하세요. 류건입니다. 노을이 휴대전화가 꺼져 있던데 혹시 무슨 일이 있나 해서요."

"아, 캠프에 갔습니다. 피타고라스 수학 캠프요."

4장

피타고라스의 밤

산속의 연수원

버스로 네 시간여를 이동해서 도착한 곳은 해발 고도가 높은 산자락이었다.

버스에서 내린 아이들은 높은 담장과 대문을 마주했다. 담장 안쪽으로는 가지 많은 나무가 촘촘하게 심겨 있었는데 얼핏 보기에도 폐쇄적인 느낌이었다. 나뭇잎이 무성한 계절이 되면 연수원 건물조차 보이지 않을 것 같았다.

아이들은 긴장한 기색을 내비쳤지만, 미리 사진으로 확인했던 노을은 여유로웠다.

"으스스한 게 딱 좋네. 멋져."

란희도 마음에 드는지 고개를 끄덕였다. 겨울 방학 내내 노을의 집에 갇혀 있는 것보다 백배 나았다.

아름이는 여전히 란희를 방패 삼아 무리수를 훔쳐보고 있었다. 정면에서 바라보면 눈이 멀지도 모른다나.

아이들은 준한의 인솔을 받으며 대문 안쪽으로 들어갔다. 그러자 연수원 건물이 더 자세히 보였다. 산장처럼 보이는 건물은 노을이 사진으로 봤던 것보다 훨씬 음산했다. 불길함이 뭉게뭉게 피어나는 건물의 모습에 몇몇 아이들이 침을 꿀깍 삼켰다.

건물은 한 채가 아니었다. 자세히 보면 나무와 나무 사이로 크고 작은 건물이 몇 채 더 있었다.

준한이 아이들을 돌아보며 말했다.

"캠프는 이미 시작되었습니다. 그럼 후회 없는 시간을 보내시길 바랍니다."

말을 마친 그는 천천히 대문 밖으로 걸어 나갔다. 그가 완전히 밖으로 나가자 커다란 대문이 자동으로 닫혔다.

갑자기 불안해진 아이들이 웅성거리기 시작했다.

"뭐, 뭐야. 뭐가 어떻게 되는 거야?"

"다른 어른은?"

"왜 아무도 안 나오지?"

육중한 대문 밖에서 버스가 떠나는 소리가 들리자 아이들의 웅성거림은 더 커졌다.

"일단 좀 기다려 보자."

아이들은 혼란스러워하면서도 제자리에서 대기했다. 하지만 시간이 지나도 다른 인솔자는 나타나지 않았다.

불안해진 란희가 노을의 옆구리를 꾹꾹 찔렀다.

"우리 버스 타고 산길 따라서 한참 올라왔지?"

"응. 여기 갇힌 것 같은 기분이 드는 건 착각이겠지?"

둘의 불안함을 무리수가 증폭시켰다.

"여기서 반나절은 걸어야 마을이 나올 거야."

"으, 추워. 너무 추운데 안으로 들어가 볼까요?"

란희의 제안에 아이들이 고개를 끄덕였다.

주변을 둘러보니 이미 짐을 들고 걸어가는 팀도 있었다. 그때 어디선가 윙 하는 기계음이 들렸다.

노을은 그 소리를 놓치지 않고 고개를 들었다.

"CCTV가 우릴 따라 움직이는데?"

"응? 어디?"

란희도 노을을 따라 고개를 돌렸다. 하지만 아무것도 보이지 않았다.

"저기 나뭇가지 사이에 있잖아."

"어, 정말이다."

자세히 보니 CCTV가 곳곳에 숨겨져 있었다. 조금 더 이질적인 소리가 머리 위에서 들렸다. 아이들의 시선이 일제히 하늘로 향했다.

누군가가 외쳤다.

"드론이다!"

드론형 헬리캠이 하늘을 떠다니며 아이들을 지켜보고 있었다.

란희의 신경이 날카로워졌다.

"점점 수상해지는데. 뭔가 불안해."

아름이 넌지시 말했다.

"그럼 들어가지 말까?"

"아니, 추워. 일단 안으로 들어가자."

란희의 말에 아이들은 다시 걸음을 옮겼다. 앞서 걷는 란희의 시선이 가장 가까운 건물에 닿았다. 빙글빙글 달팽이 껍데기처럼 생긴 건물이었다.

출입문은 들어오라는 듯이 열려 있었다. 문 앞을 서성이던 아이들이 하나둘씩 안으로 들어가기 시작했다.

건물 내부는 강당 같은 모습이었다. 가장 먼저 눈에 띤 것은 한쪽 벽면에 부조로 장식된 문양이었다.

초대장과 Y대학교의 강당 벽에도 있었던 문양이다.

"저건 대체 뭐지? 대학교 강당에도 있었잖아."

"그러게. 여기 상징인가?"

노을과 란희가 궁금해하자 시은이 대답했다.

"피타고라스의 별이야."

"피타고라스의 별이요?"

란희가 되물었다.

"피타고라스는 정오각형 안에 그려진 별 속에서 신비함을 느꼈대. 그래서 피타고라스 학파는 상징으로 별 모양을 선택했고 그걸 피타고라스의 별이라고 불렀어."

란희는 고개를 갸웃했다. 어디가 신비하다는 건지 이해할 수 없었다.

성찬이 물었다.

"시은 누나는 어떻게 그리 잘 아는 거예요?"

"피타고라스에 관심이 많아. 그분은 천재셨어."

"그러고 보니 누나가 봐 준 탄생수 점도 피타고라스의 수비학을 기초로 한 거였죠?"

"응. 맞아."

시은은 성찬을 귀엽다는 듯이 바라봤다.

"나도 수에 관심이 많아요."

"정말? 그럼 너도 느꼈겠네. 밖에서는 몰랐는데, 여기 강당 말이야……."

피타고라스가 사랑한 정오각형

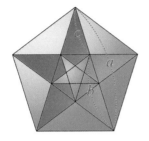
정오각형과 별

피타고라스의 별

피타고라스는 기하학 분야에서 많은 업적을 남겼다. 특히 정오 각형에서, 서로 이웃하지 않는 꼭짓점을 잇는 대각선들이 만든 별 모양에 집중했다.

대각선 a와 대각선들이 만나 생기는 긴 변 b, 짧은 변 c 사이에 는 일정한 비(약 1 : 1.618)가 성립하는데, 이 비율이 가장 균형 잡히고 아름다운 것이라 하여 황금비라고 한다.

$$b : a = c : b = 1 : 1.618$$

피타고라스는 정오각형의 각 꼭짓점에서 대각선을 그으면 서로 를 황금비로 나누고, 그렇게 만들어진 별 모양 가운데에 정오 각형이 만들어진다는 사실을 발견했다. 그는 이 사실에 매료되 어 학파의 상징으로 정오각형의 별 모양을 택했다. 이를 피타 고라스의 별이라 한다.

시은이 운을 떼자, 성찬은 강당을 두루 살피며 대답했다.

"네. 이 강당은 아름다운 황금비로 이루어져 있어요."

성찬의 말에 아이들이 제각각 주변을 둘러보았다. 하지만 그 말의 의미를 알아들은 사람은 파랑과 무리수뿐이었다.

특히 란희가 보기에는 투박하기만 한 건물일 뿐이었다.

"뭐가 아름다워?"

무리수가 천장을 가리키며 말했다.

"이 강당, 황금나선 모양이잖아."

"황금… 뭐요?"

황금은커녕 노란색도 없는데 무슨 말인가 싶은 란희였다.

"인간이 느끼기에 가장 균형 잡히고 아름다운 비율 말이야. 그 비율을 황금비라고 해. 1 대 1.618. 이 강당의 황금나선 모양은 황금비를 기초로 해서 만들어져 있어."

무리수가 설명해 주었지만, 란희는 여전히 이해가 되질 않았다. 란희는 다시 묻는 대신 그냥 고개를 끄덕였다.

파랑이 한 명으로도 충분했는데, 사방이 수학 덕후 천지라니. 쉽지 않은 2주가 될 것 같은 기분이 들었다.

'아니야. 다행인 건가? 이 멤버라면 1등을 노려 볼 수 있을 것 같은데.'

란희의 야심이 슬쩍 고개를 들었다.

그때, 누군가가 소리쳤다.

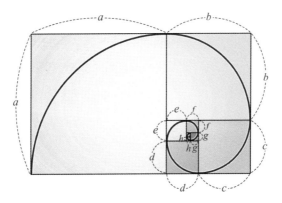

$$\frac{a+b}{a} = \frac{b+c}{b} = \frac{c+d}{c} = \frac{d+e}{d} = \frac{e+f}{e} = \frac{f+g}{f} = \frac{g+h}{g} = 1.618$$

① 세로의 길이 a와 가로의 길이 a+b의 비율이 1:1.618인 직사각형에서 한 변의 길이가 a인 정사각형을 나눈다.

② 나누고 남은 직사각형에서 가로의 길이 b와 세로의 길이 b+c의 비율은 1 : 1.618이 된다. 이 정사각형에서 다시 한 변의 길이가 b인 정사각형을 나눈다.

③ 이렇게 만들어진 직사각형 역시 황금비 1:1.618이 유지된다. 같은 방식으로 직사각형에서 정사각형을 나눌 때마다 황금비 1:1.618은 변하지 않는다.

④ 이때 각 단계에서 생긴 정사각형의 내부에 중심각 90°인 사분원을 그려 생긴 나선을 황금나선이라 한다.

"와, 이게 뭐야. 완전 구려!"

소리 난 곳으로 고개를 돌려 보니 뒤따라 강당으로 들어온 C 팀 팀장이 망토 같은 것을 펼쳐 들고 있었다.

강당 안에는 모두 네 개의 원형 테이블이 있었는데, 각 테이블 위에는 상자가 일곱 개씩 있었고, 그 주위를 일곱 개의 의자가 둘러싸고 있었다. 그리고 맨 앞에는 유리 진열장이 놓여 있었는데 안에 황금색 왕관이 들어 있었다.

노을도 아이들과 함께 'A팀'이라고 표시된 원형 테이블로 다가 갔다. 상자에는 각각 팀원들의 이름표가 붙어 있었다.

노을이 먼저 자신의 상자를 찾아서 열어 보았다. 역시나 가장 먼저 눈에 띈 것은 캠프복과 망토였다. 옆에는 엄마의 건강 팔찌를 연상케 하는 구리색 팔찌도 놓여 있었다. 캠프복은 사진에서 보던 것과 같았다.

"이걸 내내 입고 있어야 하나 봐."

노을이 의뭉스럽게 말하자, 란희와 아름도 한마디씩 했다.

"애니메이션 주인공이 입을 것 같은 옷이네?"

"맞아. 코스프레 의상 같아. 입으면 뚱뚱해 보일 것 같은데……."

체형을 보완해 주지 못하는 디자인이었다. 게다가 새하얀 망토는 먼지가 약간만 묻어도 티가 날 것 같았다.

제 몫의 캠프복을 확인한 무리수도 진지하게 말했다.

"…돌아갈까."

무리수의 돌발 발언에 깜짝 놀란 란희가 재빨리 말을 덧붙였다.

"무리수 오빠는 뭘 입어도 근사할 걸요!"

"그건 그렇지."

무리수가 수긍하자 란희는 고개를 돌려 안도의 숨을 내쉬었다. 추천 입학권이 걸려 있는 중차대한 상황에 무리수가 돌아가기라도 하면 큰일이었다. 게다가 아직 무리수의 입을 틀어막지도 못했다.

캠프복을 다시 상자에 넣은 노을이 이번에는 태블릿 PC를 꺼냈다.

"어?"

뒤늦게 란희도 자신의 상자를 살펴봤지만 태블릿 PC는 없었다. 다른 팀을 살펴보니 팀장의 상자에만 들어 있는 듯했다.

노을이 태블릿 PC를 켜자 안내 메시지가 떠올랐다.

피타고라스 수학 캠프에 오신 것을 환영합니다. 본 캠프는 최첨단 자동화 시스템을 도입했습니다. 인공지능 프로그램 '브라이트'가 여러분의 즐거운 캠프 생활을 지원할 예정입니다.

떠오른 메시지를 닫자, 바탕화면이 보였다. '미션 진행' '시설 이용'이라는 이름이 붙은 아이콘이 있고, 그 옆에 동영상 파일이 하나 있었다. 인터넷 창이나 SNS 창은 찾아볼 수가 없었다.

옆에서 기웃거리던 란희가 동영상 파일을 터치했다. 플레이되는 동영상을 보던 란희의 얼굴이 심각해졌다.

란희는 팀원들을 불러 모았다.

"이거 다 같이 봐야 할 것 같아요."

란희의 부름에 A팀 팀원들이 옹기종기 모였다. 처음부터 다시 동영상을 재생시키자, 캠프장 풍경과 함께 텍스트가 떠올랐다.

피타고라스 수학 캠프의 규칙

1. 미션은 매일 오전 9시부터 시작됩니다. 지정된 장소에서 미션 시작 아이콘을 터치해 주세요. 단, 일요일에는 모든 미션 진행이 중단됩니다. 캠프 내 시설을 즐겨 주세요.

2. 여러분은 일곱 개의 미션을 수행하게 됩니다. 미션은 하루에 하나씩 도전할 수 있습니다. 미션을 통과할 때마다 힌트를 하나씩 얻게 됩니다. 6단계까지 최대 여섯 개의 힌트를 모아 일곱 번째 미션에 도전할 수 있습니다. 물론 1단계 미션을 통과한 후 하나의 힌트만을 가지고 일곱 번째 미션에 도전하는 것도 가능합니다. 단, 일곱 번째 미션은 한 팀당 한 번만 도전할 수 있습니다.

3. 일곱 번째 미션을 해결하면 강당 앞에 놓인 유리 진열장의 문이 열립니다. 안에 든 황금 왕관을 차지하는 팀이 우승입니다.

4. 미션은 팀별로 제공된 태블릿 PC를 통해 진행됩니다. 미션을 포기하고 캠프를 즐기다가 가셔도 괜찮습니다. 네 팀 중 한 팀이라도 일곱 번째 미션을 통과하면 캠프가 종료됩니다.

5. 미션은 내일부터 시작됩니다. 오늘 하루는 편하게 쉬시면 됩니다. A팀은 기숙사의 4층, B팀은 3층, C팀은 2층, D팀은 1층을 숙소로 사용하면 됩니다. 구내식당 및 모든 편의 시설은 24시간 운영됩니다. 역시 자유롭게 이용하시면 됩니다.

6. 일과 시간에는 반드시 캠프복과 팔찌를 착용하셔야 합니다. 팔찌에는 나노칩이 내장되어 있어서 여러분의 건강 상태와 위치, 행동 패턴이 인공지능 프로그램 '브라이트'에게로 전달됩니다. 별다른 이유 없이 캠프복과 팔찌를 착용하지 않았을 시에는 탈락입니다.

7. 팀원 중 한 명이 탈락하면 팀 전원이 탈락됩니다. 탈락한 인원은 캠프가 끝날 때까지 별도의 공간에서 휴식을 취하게 됩니다.

4층 기숙사

아이들은 상자를 하나씩 챙겨 들고 기숙사를 찾아 움직였다. 연수원은 넓었고, 건물은 모두 꽃 이름으로 되어 있었다. 안내판을 보며 빙글빙글 돌다 보니 4층짜리 건물이 나왔다.

"여기다."

란희가 외쳤다. 건물 입구에 '데이지'라고 쓰여 있었다. 기숙사를 발견한 아이들은 계단을 통해 우르르 올라갔다. 란희와 아름은 조금씩 뒤처졌다. 란희의 짐이 무거운 탓이었다. 바퀴가 달린 여행용 가방을 끌고 계단을 올라가려니 힘들었다. 부려 먹기 좋은 노을이 먼저 올라간 탓에 끙끙거리고 있는데, 무리수가 뒤를 돌아보더니 말했다.

"들어 줄게."

무리수가 란희의 가방을 들고는 성큼성큼 올라갔다. 아름이 기절할 것 같은 얼굴을 하는 동안 란희는 고맙다며 종알거렸다.

먼저 올라간 노을과 파랑이 문 앞에 섰다. 각 층 출입구에는 도어록 장치가 있었는데, 이름표를 대면 문이 자동으로 열렸다.

"우아, 생각보다 넓어!"

가장 먼저 거실에 들어온 노을이 짐을 내려놓고 소파 한가운데에 대자로 뻗어 누웠다. 파랑, 시은, 성찬에 이어 란희, 아름, 무리수가 차례로 들어왔다.

거실에는 단순한 디자인의 소파와 티테이블 그리고 커다란 화이트보드가 놓여 있었다. 벽면에는 '빨리 가려면 혼자 가고, 멀리 가려면 함께 가라'라는 표어도 걸려 있었다.

표어를 알아본 아름이 말했다.

"아프리카 격언이네."

란희는 고리타분한 내용은 싫다며 고개를 저었다. 기숙사 구조를 살펴보던 란희가 물었다.

"화장실은?"

"방 안에 있는 게 아닐까?"

아름이 분홍색 페인트칠이 되어 있는 가운데 방의 문을 열려고 했지만 어쩐지 열리지 않았다. 파랑이 다른 방문의 손잡이를 돌려 보고는 말했다.

190

"모두 잠겨 있는데?"

아이들의 얼굴에 의아해하는 표정이 떠올랐다. 무리수가 대자로 누워 있는 노을에게 다가가 손을 뻗었다.

"태블릿 PC 줘 봐."

노을이 태블릿 PC를 내밀자, 무리수는 '시설 이용'이라는 아이콘을 터치했다. 그러자 문 모양의 아이콘과 물방울 모양의 아이콘이 추가로 나타났다.

문 모양의 아이콘을 터치하자 각각 하늘색, 분홍색, 연두색으로 칠해진 문 모양이 나타났다. 이 중에서 하늘색 아이콘을 누르자 간단한 수학 문제가 나왔다.

문제) ①에서 출발해 손을 떼지 않고 모든 변을 이어 그림을 완성하세요. 단, 한 번 지나간 변을 다시 지나가서는 안 됩니다.

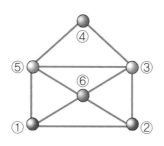

ⓒ－ⓐ－ⓑ－ⓓ－ⓒ－ⓕ－ⓑ－ⓕ－ⓕ－ⓐ－ⓓ : 턉땅

한 번 지나간 선을 다시 지나지 않으면서 붓을 떼지 않고 모든 선을 이어 그림을 완성하는 것을 한붓그리기라고 한다. 한붓그리기가 가능한 경우는 크게 두 가지이다.

첫 번째는 각 꼭짓점에 연결된 변의 개수가 모두 짝수 개인 경우로, 이때에는 어떤 점에서 출발해도 다시 출발점으로 되돌아올 수 있다.

두 번째는 이 문제에서처럼 연결된 변의 개수가 홀수 개인 꼭짓점이 두 개 존재하는 경우로, 이때에는 두 꼭짓점 중 한 점에서 출발하여 나머지 한 점에서 끝마칠 수 있다.

무리수가 순서대로 선을 그리자 덜컥하는 소리와 함께 제일 왼쪽의 하늘색 방문이 열렸다.

란희와 아름의 눈이 동시에 커졌다.

"헐. 설마……."

"문을 열 때마다 문제를 풀어야 하는 거야?"

무리수는 2번과 3번 문제를 마저 풀었다. 방문 세 개가 모두 열리자 정적이 감돌았다.

시은과 성찬이 특히 어이없어했다. 그나마 노을과 파랑은 익

숙하다는 듯이 어깨를 으쓱였다. 수학특성화중학교에서 비슷한 일을 충분히 겪은 탓이었다.

게다가 노을은…….

"귀찮아. 그냥 문 안 닫고 살래."

천하태평이었다.

란희가 여자아이들을 돌아보며 말했다.

"우리 셋이 큰 방 하나를 쓰고 남자들이 둘씩 쓰면 되겠어요."

쿨하게 상황을 정리한 란희는 이미 열려 있는 하늘색 방으로 쏙 들어갔다. 아름과 시은도 자연스럽게 뒤따라 들어갔다.

란희가 선택한 직사각형 방에는 싱글침대 네 개가 약간의 간격을 두고 나란히 놓여 있었다. 그리고 각 침대 옆에는 수납장이 있었다.

방 온도도 적당했고 공기도 쾌적했다. 지내는 데 큰 불편함은 없어 보였다.

아름이가 방 안에 딸린 화장실 문을 열어 보았다. 변기와 샤워기가 있었고, 샤워 용품도 가지런히 정돈되어 있었다.

"깔끔하네."

유일한 단점이라면 바닥 카펫과 이불, 커튼, 베개까지 모두 흰색이라는 것 정도였다. 머리카락 한 올만 떨어져도 티가 날 것처럼 온통 새하얬다.

아름이 둘러본 감상을 말했다.

"여기 꼭 병원 같지 않아? 빨래하기도 힘들겠다."

침대 하나를 차지하고 앉은 란희가 욱여넣었던 캠프복을 꺼내며 의욕적으로 외쳤다.

"옷 갈아입고 밥부터 먹어요."

"아, 난 화장실에서 갈아입을게."

시은은 아이들과 함께 옷을 갈아입는 게 부끄러운지 화장실로 쏙 들어갔다.

란희는 홀렁홀렁 옷을 벗고 캠프복으로 갈아입었다. 거울을 보고 있으니 절로 한숨이 나왔다. 옆에서 더 깊은 한숨이 들려왔다.

"휴……. 정말 망토까지 둘러야 하는 걸까?"

"…그렇겠지."

아름과 란희는 망연자실한 표정으로 망토를 노려보았다. 아이비리그 추천 입학권이 달려 있으니 캠프를 포기할 수도 없는 노릇이었다.

아름이 눈을 질끈 감으며 먼저 망토를 둘렀다. 목 아래를 단추로 고정하게 되어 있는 망토였는데, 단추는 피타고라스의 별 모양이었다.

"내가 지금까지 입은 옷 중에서 가장 웃긴 것 같아."

아름이 한탄하자, 란희도 제 모습을 보며 말했다.

"난 두 번째."

"첫 번째는?"

"잠수복."

제로에게 납치된 아름을 찾으러 갔을 때 입었던 옷이었다. 란희가 입었던 우중충한 잠수복을 떠올린 두 사람은 킥, 하고 웃었다.

"그래. 잠수복보다는 이게 낫지."

아름은 거울에 제 모습을 비춰 보았다. 짧은 다리가 강조되는 것 같아서 불만스러웠다. 하지만 잠수복에 비할 바는 아니었다. 아름은 새삼 란희에게 고마운 마음이 들었다.

"무난할 수는 없는 건가."

란희가 망토를 걸치며 말했다. 망토까지 걸치자, 무언가 오그라드는 느낌이 들었다.

"무리수 오빠 앞에서 이 옷을 입고 있어야 하는 거겠지."

아름의 어깨가 축 늘어지자, 란희가 위로하듯이 말했다.

"무리수 오빠도 이 옷을 입는 거잖아. 커플룩이라고 생각하면서 정신승리 해."

"사실은 실감이 안 나. 이게 실화일까? 2주나 매일매일 볼 수 있다는 거잖아."

"잘됐네. 그러다 너 유리수에서 무리수로 갈아타는 거 아니야?"

"안 돼. 유리수 오빠가 슬퍼할 거야. 오빠가 다친 사이에 변심

할 수는 없어."

그사이 화장실에 들어갔던 시은이 나왔다. 그런데 시은은 의상을 부끄러워하는 기색이 없었다. 얼굴에는 오히려 뿌듯함마저 어려 있었다.

"잘 어울리는 것 같지 않아? 이 옷 정말 입어 보고 싶었는데."

란희가 물었다.

"언니는 이 옷 입는 거 알고 있었어요?"

"응. 수학 커뮤니티에서 알고 지내는 친구가 말해 줬어."

"우아! 캠프에 대해 무슨 힌트 같은 건 못 들었어요?"

"침묵 서약 때문에 캠프에 대해 자세히 말해 주지는 않았어. 너희도 조심해. 괜히 나가서 캠프에 대해 말하면 바로 제재가 들어온대."

란희는 아쉬움에 입맛을 다셨다.

"가차 없네요. 어찌 됐든 이제 한 팀이니까 우리 잘 지내 봐요."

"나도 잘 부탁해."

"이제 나가요. 밥 먹으러."

란희가 먼저 거실로 나가자 노을과 파랑이 보였다. 두 사람도 어느새 캠프복으로 갈아입은 모습이었다.

란희를 발견한 노을이 인상이 찌푸리며 말했다.

"못생겼어."

발끈한 란희가 노을의 멱살을 잡고 짤짤 흔들었다.

"죽고 싶냐?"

"으아아! 진실이 핍박받는다!"

노을이 장난스레 외치자 란희가 재차 윽박질렀다.

"옷이 문제라고!"

"아닌데. 파랑이는 멀쩡한데."

노을의 항변에 란희가 파랑을 돌아보았다. 멱살을 잡고 있던 손에서 힘이 빠져나가는 게 느껴졌다.

"더러운 세상."

파랑은 노을의 말처럼 굴욕 없이 멀쩡했다. 때마침 무리수도 연두색 방문을 열고 거실로 나왔다.

란희는 절망할 수밖에 없었다. 역시 패션의 완성은 얼굴이었다. 무리수가 입은 캠프복은 근사해 보이기까지 했다. 파랑 옆에 함께 서자 그런 느낌은 더욱 강해졌다.

둘은 애니메이션 주인공 같았다. 아무래도 영웅의 운명은 내 몫이 아닌가 보다. 허탈해진 란희가 중얼거렸다.

"지구는 둘이 지키면 되겠네."

어쩐지 미묘한 저녁

A팀은 강당 옆에 위치한 식당으로 이동했다. 식당은 50명 정도를 수용하고도 남을 만큼 넓어 보였다. 게다가 아직 노을이네 팀밖에 도착하지 않아서 더욱 한산한 느낌이었다.

인공지능이 관리한다더니, 식당 안에도 사람은 없었다. 노을은 '관계자 외 출입 금지'라고 쓰인 푯말이 붙어 있는 문 안쪽이 궁금했다. 하지만 열어 볼 엄두를 내지는 못했다. 돌발 행동을 했다가 탈락이라도 하면 큰일이었다.

노을이 정갈하게 정리된 식판을 집어 들며 말했다.

"시설 이용은 자유라고 했잖아. 밥이나 맘껏 먹자."

사람은 한 명도 보이지 않았지만, 밥 먹는 데는 아무런 문제가 없어 보였다. 반찬도 정갈하게 담겨 있었고, 밥이든 국이든 원하는 만큼 풀 수 있었다.

"그래도 밥해 주는 사람은 있겠지? 어디 숨어서 지켜보고 있으려나?"

슬쩍 말하자, 뒤에 서 있던 란희가 우렁차게 대꾸했다.

"당연히 그렇겠지. AI가 어떻게 밥을 해? 빨리빨리 담아."

"옙."

생각해 보니 만능이라는 피피도 밥은 하지 못했다. 식탐을 부리며 부지런히 반찬을 담던 노을이 외쳤다.

"헐! 이게 뭐야?"

벽에 붙은 일주일치 식단표를 발견한 것이다.

"왜? 뭔데?"

뒤따라온 란희도 식단을 보고 절망에 빠졌다.

앞에도 풀, 옆에도 풀, 뒤에도 풀. 반찬이 온통 풀밭이었다. 고기는 물론이고 인스턴트 식품도 찾아볼 수 없었다. 저절로 다이어트가 될 것 같은 식단이었다.

"엄마 따라 절에 온 것 같아."

"응. 딱 절밥이네."

아침은 빵과 꿀, 스프와 샐러드로 통일되어 있었다. 점심은 비빔밥이나 콩나물밥, 곤드레밥 같은 단품 메뉴였다. 그나마 저녁은 다양한 한식 위주로 구성되어 있었는데, 안타깝게도 고기와 관련된 메뉴는 눈을 씻고도 찾아볼 수 없었다.

식단표 아래에 적혀 있는 '살생을 하지 말자'라는 문장이 유독 눈에 띄었다.

하지만 배가 고프니 어쩌겠는가. 노을과 란희는 투덜거리면서도 밥과 반찬을 담았다. 그리고 자율 급식대의 맨 마지막에 놓인 자판기 기계 앞에서 멈춰 섰다.

노을은 재빨리 안내문을 읽었다.

자판기 가운데의 터치스크린에 나타나는 문제를 맞히면 특식이 나옵니다. 오늘의 특식 메뉴는 탕수육입니다.

"치사하게 먹을 걸 가지고!"

노을이 투덜거렸다.

"어서 풀자. 그래도 고기가 있긴 있었네."

란희는 노을을 밀치며 자판기의 스크린을 터치했다. 화면에 '칠교놀이'가 나타났다.

칠교놀이

칠교놀이는 일곱 개의 조각으로 이루어진 도형을 움직여 여러 가지 모양과 형상을 만드는 놀이입니다. 각 조각을 이용해서 검은 공간을 채우세요.

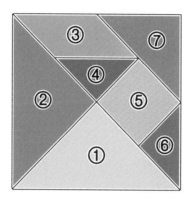

문제 1)   문제 2)

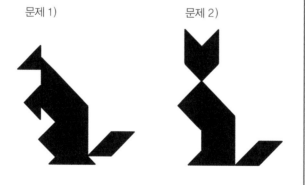

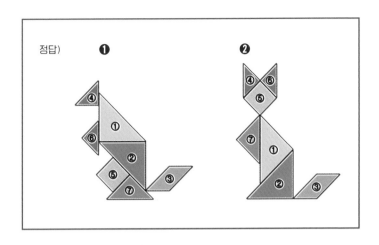

　란희가 첫 번째 문제를 골라 조각을 이리저리 끌어다가 고양
이 모양을 채우자 화면에 '정답'이라는 단어가 떠올랐다. 그리고
아래쪽으로 탕수육 한 접시가 나왔다.

　"우아! 나도!"

　치사하게 먹을 걸 가지고 그런다며 소리치던 노을도 문제 풀이
에 도전했다. 노을 역시 무난하게 문제를 풀어냈다.

　"쉽네. 이럴 거면 문제를 내지 말지. 매일 메뉴 하나씩은 더 먹
을 수 있겠네."

　"내 말이. 가자."

　하지만 노을과 란희는 출제자를 비웃느라고 정답 표시 하단의
문구를 보지 못했다.

두 사람이 식당 한가운데에 자리 잡고 앉자, 주변으로 아이들이 하나둘씩 모여들었다. 저마다 탕수육 접시를 하나씩 받아 자리에 내려놓았다.

노을이 제일 먼저 탕수육을 입에 넣었다. 곧 볼멘소리가 이어졌다.

"와, 치사해. 콩고기야."

이어 탕수육을 먹은 란희가 홀린 듯이 중얼거렸다.

"어? 그래도 맛있어."

고기든 콩이든 풀이든 맛만 있으면 그만이다. 본격적으로 먹기에 앞서 란희는 반찬 안에 든 오이를 모조리 골라냈다. 골라낸 오이는 노을과 파랑, 아름이 자연스럽게 가져다 먹었다.

무리수가 그 모습을 보더니 그려 낸 듯이 웃었다.

"너희 정말 친하구나?"

란희가 바로 수긍했다.

"네. 뭐, 그런 편이죠."

한참 밥을 먹는데 뒤이어 B팀도 식당으로 들어왔다. 노을과 란희, 아름, 파랑의 얼굴이 동시에 구겨졌다. 이상한 낌새를 눈치 챈 무리수가 물었다.

"왜?"

"밥 먹을 때 보고 싶지 않은 애가 있어서요."

란희의 대답에 무리수의 고개가 B팀 일행 쪽으로 돌아갔다.

"보통 싸가지가 아니라던?"

"네. 가장 목소리 큰 애요."

와자지껄하게 떠들며 자리를 잡고 앉은 B팀도 노을 일행을 응시했다. 경쟁 팀이라는 생각 때문인지 호의 섞인 인사는 오고 가지 않았다.

"형들, A팀 쟤네는 신경 쓰지 마요. 임파랑이라고 한 명 빼고는 다 별 볼 일 없어요. 또 다른 한 명은 아이돌이고요. 심지어 한 명은 꼬맹이잖아요."

지석의 말에 옆에 앉은 아이가 맞장구쳤다.

"맞아. 저 여자애는 아까 이상한 숫자점 보던 애지? 좀 음침하지 않냐?"

"그러게요. 자기들끼리 아주 딱 어울려요. 일단 한 팀은 무시하고 가도 되겠어요."

다른 한 명이 의문을 제기했다.

"근데 쟤가 그 진노을이라며. 새로운 증명법을 발견한."

지석이 킥킥거리며 웃었다.

"아아, 노을이요? 분명 대충 찍은 게 얻어걸렸을 거예요. 같은 학교 다녀서 아는데요., 실력이 있고 그런 스타일은 아니거든요."

순식간에 밥맛이 떨어진 A팀이었다. 란희가 먼저 젓가락을 내려놓자 무리수가 말했다.

"듣는 사람 기분 나쁘게 만드는 재주가 있네."

"그쵸? 정의의 이름으로 용서하고 싶지 않은 스타일이에요."

기분이 상한 건 시은과 성찬도 마찬가지였다.

"다 먹었으면 이만 가자."

무리수의 제안에 아이들이 다 같이 식판을 들고 일어섰다. 이미 대부분 식판을 말끔히 비운 상태이기도 했다. 풀밭이라고 걱정했던 것과 달리 밥은 맛이 있었다.

나가다 보니 입구 쪽에 아이스크림 냉동고가 있었다. 아이스크림과 냉동 과일을 마음대로 먹을 수 있게 해 놓은 것이었다. 하나 꺼내 볼까 하던 란희는 입맛을 다시며 그만두었다. 먹고 나면 추워질 것 같았다.

"밤에 따뜻한 숙소에서 먹으면 좋을 것 같아요."

성찬의 말에 란희가 고개를 끄덕였다. 한겨울, 따뜻한 방에서 먹는 아이스크림이라니. 생각만 해도 좋았다.

"그래. 밤에 가위바위보해서 아이스크림 가져오기 하자."

"좋아요."

나란히 식당 밖으로 나온 아이들은 뭘 하며 시간을 보내야 할지 고민했다. 휴대전화도 컴퓨터도 없는 여유 시간은 낯설었다. 게다가 취침 시간까지는 한참 남아 있었다.

시은이 한 걸음 뒤로 물러서며 말했다.

"난 혼자 좀 돌아볼게."

란희가 같이 가자고 말하려다가 시은의 말에 '혼자'라는 단어가 포함되어 있다는 걸 깨닫고는 말을 바꾸었다.

"다녀와요."

시은은 뒤도 돌아보지 않고 멀어졌다. 뒷모습을 지켜보던 란희가 노을에게 물었다.

"이제 우린 어쩌지?"

그때 느닷없이 무리수가 끼어들었다.

"난 노을이 좀 빌리고 싶은데."

란희와 노을은 바짝 긴장할 수밖에 없었다. 아무래도 노을의 증명법에 대한 이야기를 꺼낼 생각인 것만 같았다. 란희가 같이 가자고 말하려는데, 성찬이 먼저 나섰다.

"저도 끼워 줘요. 요즘 막힌 문제가 있거든요. 거실에서 다 같이 수학 얘기해도 재밌겠네요."

노을과 란희의 등 뒤로 식은땀이 흘러내렸다.

"그, 그럴까."

노을이 어색하게 수긍하자, 란희가 고개를 저었다.

"아니야. 너 엄청나게 피곤하다며. 아까부터 계속 졸았잖아."

"어? 어……. 그, 그랬지."

노을이 눈동자를 이리저리 굴리며 억지로 하품을 했다. 그러자 란희가 잽싸게 말했다.

"수학은 우리끼리 해요. 쟤는 내일을 위해서 재우죠."

무리수가 뭐라고 말하려는데 성찬이 먼저 답했다.

"그러면 그래요! 노을이 형은 내일 활약해야죠!"

성찬이 해맑은 얼굴로 의견을 보태자 노을이 그 틈을 파고들었다.

"으아……. 피곤하다. 왜 아무것도 안 했는데 피곤하지. 전 그럼… 이만."

노을은 무리수가 다시 말을 걸기 전에 잰걸음으로 멀어졌다. 노을은 기숙사 건물로 쌩하니 들어갔다. 그 모습을 바라보며 란희가 한쪽 손을 허리에 얹었다.

'계속 이렇게 피하기만 해서는 안 돼.'

결심이 선 란희였다. 란희는 아름과 파랑을 향해 눈을 찡긋하며 말했다.

"셋이 먼저 들어가 있을래? 난 무리수 오빠랑 얘기 좀 할 게 있어서."

"네!"

성찬이 쾌활하게 대답했다. 상황을 짐작한 파랑과 아름이도 조용히 기숙사 건물로 향했다.

란희는 혼자 남은 무리수의 옷자락을 잡아끌었다.

"이쪽으로 와요. 잠깐 얘기 좀 해요."

"소녀, 데이트 신청하는 거야?"

"란희라고요, 란희! 아무튼, 이쪽으로 좀 와요."

무리수가 따라 움직이자 란희가 한숨을 내쉬며 작게 말했다.

"그냥 솔직하게 말할게요. 그거 노을이가 푼 거 아니에요."

"그럴 거라고 생각했어."

란희는 목소리에 애절함을 담아 말했다.

"그게, 진짜 문제를 푼 애는 따로 있어요. 우리 친구인데요. 나설 수 없는 사정이 있어요. 그래서 어쩔 수 없이 노을이가 대신 나선 거예요."

"파랑이가 푼 게 아니고?"

무리수는 증명 문제를 푼 사람이 파랑일 것이라고 생각하고 있었다.

"네. 다른 애가 있어요. 지가 맨날 완벽하다고 말하는 애인데, 아무튼 그 친구 비밀은 지켜 줘야 하거든요. 큰 범죄랑도 관련이 있고 나쁜 놈들이 노리는 애라서 그래요. 부탁해요. 비밀 지켜 주세요."

란희는 적절히 진실과 거짓을 섞어 말했다.

"비밀을 지켜 주면 나한테 어떤 이득이 있는데?"

무리수가 웃으며 말하자 란희는 어깨를 으쓱였다.

"바라는 거 있어요?"

장난스럽게 웃던 무리수의 눈에 기숙사 건물에서 나오는 파랑이 보였다. 무리수는 다시 고개를 돌리며 말했다.

"그럼, 나랑 사귈래?"

란희의 눈이 동그래졌다.

"네?"

"왜, 싫어?"

"장난치지 말고요."

"내 매력이 부족하지는 않을 텐데?"

"날 무찌르기라도 하려고요? 난 팬이 아니라서 그 정도 멘트로 심장마비 안 걸려요. 놀리지 말고 말해요. 바라는 게 뭔데요?"

무리수가 큰 소리로 웃었다. 보면 볼수록 재미있는 애였다. 슬쩍 시선을 기숙사 입구로 돌렸다. 파랑의 모습이 보이지 않았다. 다시 올라간 모양이었다.

"왜 놀린다고 생각하는 건지 모르겠네. 소녀, 매력 있는데."

"아직도 호칭이 '소녀'잖아요."

무리수의 눈매가 휘어졌다.

"똑똑하네. 일단 소녀가 하는 말은 알겠어. 딱히 바라는 건 없어. 친구를 위해 그랬다는 말도 믿어 줄게. 비밀도 지켜 줄게. 일단은."

"왜 '일단은'이에요. 꼭 지켜 줘야죠."

"생각이 바뀔 수도 있으니까?"

"아휴. 그냥 속 시원히 조건을 말해요. 우리 깔끔하게 갑시다."

"그럼 우승은 어때? 우리 팀이 수학 캠프에서 우승하면 '일단은'이 아니라 '꼭' 지켜 줄게."

우승이라니. 어려워 보이는 조건이었지만 란희는 고개를 끄덕이며 선언했다.

"좋아요! 우승해 보이겠어요."

"어려울 텐데? 아, 참고로 난 도와주지 않을 거다."

"상관없어요. 우리는 우승할 거예요. 내가 그렇게 정했으니까요."

패기가 넘치는 란희였다. 투지를 불태우던 란희가 무리수에게 물었다.

"그런데 아이비리그 가고 싶으세요? 은퇴하면 아름이가 울 텐데."

"아니. 우리 그룹 1년 수익이 얼만 줄 알아? 시간 아깝게 대학을 왜 가?"

"그런데 왜⋯⋯."

"재미있잖아."

"그으래요."

두 사람은 다시 4층으로 올라갔다. 거실에는 성찬과 파랑, 아름이 앉아 있었다. 파랑은 괜히 시선을 돌렸고, 아름이 란희를 보고 손짓했다.

"와서 앉아. 우리 수학 퀴즈 풀고 있었어."

"수학 퀴즈?"

자세히 보니 성찬의 손에 수학 퀴즈 문제집이 들려 있었다.

란희와 무리수가 앉자 성찬이 문제를 읽었다.

"게임쇼가 시작되었어요. 참가자 앞에는 세 개의 문이 있어요. 하나의 문 뒤에는 멋진 차가 있고, 나머지 두 개의 문 뒤에는 염소가 기다리고 있어요. 참가자는 차가 있는 문을 찾아야 해요. 참가자가 문을 선택하면, 어디에 차가 있는지 알고 있는 사회자가 나머지 두 개의 문 중에 염소가 있는 문을 하나 열어 줘요. 염소를 보여 주는 거죠. 이때 참가자에게 처음 한 선택을 바꿀 기회를 준다면, 선택을 바꾸는 것과 바꾸지 않는 것 중 어느 쪽이 더 유리할까요?"

문제를 곱씹어 본 아름이 조심스럽게 입을 열었다.

"처음에 어떤 문을 선택하든 똑같을 것 같은데. 사회자가 남은 두 개의 문 중에 염소가 있는 문 하나를 열어 주잖아. 그러면 처음 선택한 문 또는 사회자가 열어 주지 않은 문 중에 차가 있다는 뜻이니까. 결국 반반의 확률이지."

란희가 바로 말을 이었다.

"그러니까 안 바꿔야지. 괜히 바꿨다가 처음 선택한 문에 차가 있어 봐. 와, 생각만 해도 억울해. 원래 시험 볼 때도 처음 고른 답이 정답이야. 바꾸면 무조건 틀리게 돼 있어."

무리수가 재밌다는 듯이 웃자, 성찬도 자신의 의견을 말했다.

"아름이 누나 말이 맞아요. 세 개의 문 중에서 처음 선택한 문에 차가 있을 확률은 $\frac{1}{3}$이에요. 하지만 두 번째로 선택할 때는 처음 선택한 문, 사회자가 열어주지 않은 문 중 하나에 자동차가 있을 테니까 결과의 확률은 $\frac{1}{2}$ 로 같아요."

다른 의견이 나오지 않자 무리수가 입을 열었다.

"아니야. 처음에 어떤 문을 선택했는지에 따라 달라지는 거야. 생각해 봐."

모두 무슨 뜻인지 모르겠다는 얼굴을 하고 있었다. 무리수가 란희를 돌아보며 무언가 말을 하려던 때였다.

파랑의 목소리가 끼어들었다.

"선택을 바꾸는 게 유리해. A, B, C 세 개의 문 중 A에 자동차, B와 C에 염소가 있다고 가정해 보자. 처음에 염소가 있는 B를 선택했다면, 사회자가 남은 A와 C 두 개의 문 중에서 염소가 있는 문인 C를 열어 줄 거야. 이때 처음의 선택을 바꾸면 A를 선택하게 되는 거니 성공이지. 처음에 C를 선택해도 결과는 같아. 사회자는 염소가 있는 문인 B를 열어 줄 테니까 선택을 바꾸면 A, 즉 차가 있는 문을 택하게 돼.

반대로 처음에 차가 있는 A를 선택하는 경우를 생각해 보자. 사회자는 남은 문 B와 C 둘 중 아무거나 열어 줘도 돼. 무슨 문을 열어도 똑같으니 그냥 C문을 열어 줬다고 가정해 보자. 선택을 바꾸면 B를 고르게 돼. 실패인 거지. 즉 선택을 바꿨을 때 차가 있는 문을 선택할 확률은 처음에 염소가 있는 문을 선택하면 되는 거니 $\frac{2}{3}$이야. 그런데 선택을 바꾸지 않을 경우에는 처음부터 차가 있는 문을 선택해야 해. 그러니까 확률은 $\frac{1}{3}$이 되는 거지."

파랑의 말에 무리수가 기분 좋게 웃었다.

"굉장히 직관적인 생각을 했네. 나도 같은 의견이야."

각자가 의견을 내놓자, 성찬이 정답을 확인했다.

"어? 정말이에요. 선택을 바꾸면 확률이 $\frac{2}{3}$로 높아져서 더 유리해요."

무리수가 다시 파랑을 돌아봤다.

"혹시 조건부 확률의 개념을 가지고 푸는 방법도 알아? 설명해 줄까?"

파랑은 고개를 저었다.

"그럴 필요가 있을까요? 고등학교 때나 배우는 건데. 성찬이도 그렇고 란희나 아름이도 재미없을 거예요. 혼자만 재미있으신 것 같은데요."

다소 공격적인 파랑의 말에 란희의 눈이 동그래졌다. 무리수를 겨우 구워삶아 놓았는데 말짱 도루묵이 되어 버릴 것 같았다.

"자, 잠깐! 그만! 우리 머리 좀 식혀요! 아, 그래. 식당 문 닫히기 전에 아이스크림이나 가져와요. 사이좋게 셋이서!"

① 처음에 염소가 있는 문 B를 선택했을 때

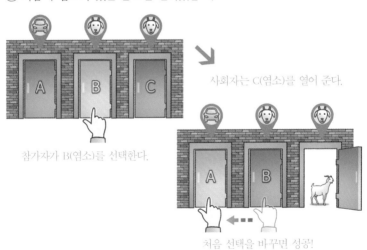

사회자는 C(염소)를 열어 준다.

참가자가 B(염소)를 선택한다.

처음 선택을 바꾸면 성공!

② 처음에 염소가 있는 문 C를 선택했을 때

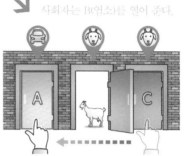

사회자는 B(염소)를 열어 준다.

참가자가 C(염소)를 선택한다.

처음 선택을 바꾸면 성공!

③ 처음에 차가 있는 문 A를 선택했을 때

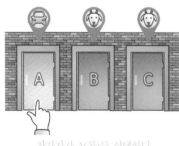

사회자는 B(염소)
또는 C(염소)를 열어 준다.

참가자가 A(차)를 선택한다.

처음 선택을 바꾸면 실패!

따라서 선택을 바꾸면 성공할 확률은 $\frac{2}{3}$

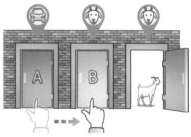

뜬금없는 아이스크림 타령이었지만, 성찬이 눈을 빛내며 되물었다.

"아이스크림이요?"

"가장 큰 사치는 한겨울에 뜨끈뜨끈한 방에서 먹는 아이스크림이지. 자! 어서 움직여요. 찬 바람 좀 쐬고 와요."

란희가 득달같이 보채자 세 남자가 일어났다.

셋이 밖으로 나가자 소파에 눕듯이 기댄 란희가 나지막하게 투덜거렸다.

"아, 왜 쓸데없이 수학에 열 올리고 그런담."

아름이도 고개를 끄덕였다. 항상 방관자 같은 태도를 유지하던 파랑마저 오늘은 뭔가 달라 보였다.

"파랑이 뭐 기분 나쁜 일 있나?"

란희도 파랑의 태도가 계속 신경 쓰였다. 생각해 보면 버스에서부터 기분이 나빠 보였다.

란희가 그 이유에 관해 곰곰이 생각하는데 아름이 해맑게 말했다.

"그래도 뭔가 운명적이지 않아? 무리수 오빠랑 너. 길 가다 만난 것도 그렇지만, 여기서 또 만났잖아."

"운명은 무슨. 우연이지."

"그래도 난 너와 도련님의 사랑을 응원할래."

"그런 응원은 안 해도 되거든?"

"왜, 무리수 오빠가 너한테는 유독 다정한 것 같아. 너랑 무리수 오빠랑 잘되면, 나도 유리수 오빠 한 번만 만나게 해 줘. 멀리서 봐도 좋아."

아름은 무언가를 상상하며 헤벌쭉해졌다. 란희가 아름의 어깨를 툭툭 쳤다.

"여보세요? 제정신으로 돌아와."

"헤헤."

이미 란희의 말은 들리지도 않는 모양이었다. 길을 가다가 무리수와 만난 이야기를 한 이후로 아름은 종종 이런 상태가 되곤 했다.

"란희야. 결혼식 때 나 꼭 부를 거지? 그럼 멤버 전부를 볼 수 있는 건가? 신혼여행 따라가면 안 돼?"

란희가 심각한 얼굴로 아름을 응시했다.

"아름아, 기왕 이렇게 된 거 네가 무리수 오빠랑 사귀거나 유리수를 소개받아 사귀겠다거나 하는 쪽으로는 상상이 안 되는 거야?"

"세상에! 그런 무엄한 상상을 하면 벌 받아."

아름은 단호했다.

헌날 밤에 일어난 일

무리수에게서 도망친 노을은 멍하니 침대에 누워 있었다. 란
희가 무리수와 파랑, 성찬을 밖으로 내모는 소리가 들렸다.

'나도 나가고 싶다.'

어쩐지 이런 신세가 된 자신이 처량했다. 괜히 몸을 뒤척이다
보니 천장에 누군가가 낙서하듯이 써 놓은 글씨가 보였다.

어서 여길 나가고 싶어.

노을은 자신도 모르게 고개를 끄덕였다.

"나도."

이건 흡사 방에 갇힌 꼴이었다. 몸을 뒤척이던 노을은 다시 고개를 돌려 낙서를 응시했다.

'나가고 싶다고?'

사람이 나가지 못하게 디자인된 창문, 하얗기만 한 공간.

'그러고 보니 여기 완전 수용소 같잖아.'

노을은 점점 불길한 예감에 휩싸였다.

'에이, 아니겠지.'

하지만 곰곰이 생각해 보니 갇힌 게 맞긴 했다. 높은 담장이 둘러쳐진 것은 물론이고 이름 모를 산의 중턱에 있는 연수원이었다. 무리수의 말처럼 버스가 오기 전에는 이곳을 나갈 수 있는 방법이 없었다. 걸어 나가려고 했다가는 중간에 얼어 죽고 말 테니까.

'갇힌 게 맞네?'

문제가 생겨도 내보내 달라고 사정할 사람조차 없었다.

'피피라도 있으면 좋을 텐데.'

노을은 태블릿 PC를 떠올렸다. 외부 인터넷이 막혀 있다고 했지만, 만에 하나 방법이 있을지도 모른다. 하지만 태블릿 PC가 있는 거실로 선뜻 나갈 수가 없었다.

'지금 나갔다가 자칫 잘못하면 무리수 형한테 붙잡히겠지? 휴……. 일단 샤워나 하자.'

화장실로 들어간 노을은 물을 틀었다. 그런데 따뜻한 물이 나오지 않았다.

'어?'

밸브를 이리저리 돌려 봐도 마찬가지였다. 그때 벽면에 붙은 문구가 눈에 들어왔다.

노을의 머릿속에서 태블릿 PC 화면에서 봤던 물방울 아이콘이 스치고 지나갔다.

'으아악!'

노을은 입 모양으로만 괴성을 지르며 머리를 박박 긁었다. 그리고 이불 속으로 직행했다.

'그냥 자자.'

이불은 포근했지만, 이상하게도 잠이 오질 않았다. 잠들기 전에는 항상 피피와 도란도란 얘기를 하곤 했었다. 피피의 빈자리가 유독 크게 느껴졌다.

양을 삼천 마리 정도 세었을 때였다.

"까아악!"

거실에서 아름의 비명이 들려왔다.

깜짝 놀라 벌떡 일어난 노을이 거실로 달려 나갔다. 현관문 앞에 세 사람이 서 있는 게 보였다. 무리수와 파랑, 성찬의 캠프복이 새빨갛게 물들어 있었다.

무리수의 머리카락에서 피처럼 붉은 물방울이 떨어져 내렸다.

"무, 무슨 일이야?"

피타고라스 수학 캠프, 첫날 밤에 일어난 일이었다.

— 2권에서 계속